国际时装设计经典系列丛书

FASHION ARTIST–Drawing Techniques
to Portfolio Presentation

美国时装画技法
完全教程

（英）桑德拉·伯克（Sandra Burke） 著

王英男 译

东华大学出版社

·上海·

图书在版编目（CIP）数据

美国时装画技法完全教程／（英）伯克著；王英男译.—上海：
东华大学出版社，2015.7
　　ISBN 978-7-5669-0782-0

Ⅰ.①美…Ⅱ.①伯…②王…Ⅲ.①时装—绘画技法—教材
Ⅳ.①TS941.28

中国版本图书馆CIP数据核字（2015）第102935号

本书简体中文版由Burke Publishing授予东华大学出版社有限公司
独家出版，任何人或者单位不得转载、复制，违者必究！

合同登记号：09-2014-652

责任编辑　谢　未
编辑助理　李　静
装帧设计　王　丽

美国时装画技法完全教程
Meiguo Shizhuanghua Jifa Wanquan Jiaocheng

著　　者：（英）桑德拉·伯克
译　　者：王英男
出　　版：东华大学出版社
　（上海市延安西路1882号　邮政编码：200051）
出版社网址：http://www.dhupress.net
天猫旗舰店：http://dhdx.tmall.com
营销中心：021-62193056　62373056　62379558
印　　刷：上海利丰雅高印刷有限公司
开　　本：889 mm×1194 mm　1/16
印　　张：10.75
字　　数：376千字
版　　次：2015年7月第1版
印　　次：2015年7月第1次印刷
书　　号：ISBN 978-7-5669-0782-0/TS·608
定　　价：68.00元

本书献给——我的丈夫和斯齐普、罗伊，他们启发我撰写本书并全力支持编写的整个过程。还要感谢我的父母，他们鼓励我踏入时装领域，并给予我相应的教育。

下图由巴黎国际流行趋势预测机构 PROMOSTYL 公司提供，选自其女装、男装与童装冬季流行趋势图册。

PROMOSTYL TENDANCES FORMES HIVER 11/12

HIVER
WINTER
11 12

PROMOSTYL TENDANCES FORMES HIVER 11/12

HIVER
WINTER
11 12

目录 (Contents)

作者的话 /6

序言 /7

致谢 /8

第一章　准备工作 /10

本书为谁而写 /11　服装效果图技法 /11　电脑时装效果图 /CAD/11　时装设计师与时装画家 /12　如何使用本书 /12　服装效果图人体动态表 /13

第二章　绘画工具 /14

选购画具 /15　普通与专业画材 /15　初学者必备画具 /15　起稿工具 /15　着色工具 /16　纸张 /16　速写本、资源夹 /16　作品集 /17　其他画具 /17　升级版画具 /18　起稿与着色工具 /18　画纸与卡纸 /18　其他类 /19　辅助工具 /19

第三章　速写本 /20

本章节所需画具 /21　设计灵感 /21　速写本 /22　资源夹 /22　将图像归档 /23

第四章　几何造型技巧 /24

本章节所需画具 /25　服装效果图人体比例 /25　九头身人体模板 /26　平衡与姿势 /28　重心线与上臀线 /28　人体动势 /28　服装人体透视 /30　圆弧人体图 /30　前中心线（C/F）/31　服装人体动态 /32　绘画小贴士 /37　涂鸦与曲线（S 曲线）技巧 /38

第五章　填充人体 /40

本章节所需画具 /41　11 个人体部分 /41　填充模板 1/42　填充模板 2 ~ 7/44　常见的错误画法 /48　绘画小贴士 /48　服装效果图人体范例 /49

第六章　面部、手部、脚部 /52

本章节所需画具 /53　面部、手部和脚部 /53　绘制面部——正面 /54　绘画小贴士 /54　绘制面部——微侧面 /56　绘制面部——正侧面 /58　服装效果图面部范例 /60　手部 /62　绘制服装效果图的手部 /63　脚部与鞋子 /64　时装效果图面部、手部与脚部范例 /66

第七章　服装效果图人体模板 /68

本章节所需画具 /69　时装效果图人体姿态模板：面部、手部、脚部 /69　绘画小贴士 /69　人体模板：其他姿态 /72

第八章　写生 /76

本章节所需画具 /77　工作室 /77　模特 /78　捕捉姿态 /79　绘画小贴士 /80　创意性练习 /82　将写生的作品作为人体模板 /83　服装人体写生范例 /84

第九章　服装设计 /88

本章节所需画具 /89　规范的人体模板 /89　平面款式图 / 工艺图 /91　连衣裙 /91　上衣与短裙 /92　上衣、衬衫与裤子 /92　夹克 /93　平面款式图与工艺图范例 /94　着装效果图人体（人体动态表）/100　着装效果图人体与平面款式图范例 /104　总结性建议 /109

第十章　面料表现技法 /110

本章节所需画具 /111　面料小样 /111　绘画工具与面料表现技巧 /112　艺术表现模板 2~7（人体动态表）/116　艺术表现范例 /122

第十一章　作品展示 /128

本章节所需画具 /129　作品展示计划 /129　作品展示技巧与版式 /130　电脑处理与提升展示效果 /136　服装设计、作品展示与生产流程 /138　效果图展示（人体动态表）/140

第十二章　男装效果图 /142

本章节所需画具 /143　男性身材比例与外形轮廓 /143　男性的面部、手部与脚部 /144　男性常用姿态 /145　男装 /146　男装效果图范例 /147

第十三章　童装效果图 /150

本章节所需画具 /151　婴童 / 幼童常用姿态 /151　儿童人体比例与外形轮廓 /152　童装效果图范例 /154　童装效果图与设计 /156

第十四章　时装作品集 /158

什么是时装作品集 /159　作品集的类型 /159　作品集内容与布局 /160　作品集定位 /162　作品集版面格式 /164　设计日记 / 草图绘本 /164　作品集备份 /164　推销你的作品集 /164

专业术语 /166

资源 /170

作者的话（Authors Note）

多少人梦想成为享受赞誉和灯光、生活绚丽多彩的服装设计师。如同夏奈尔（Chanel）、迪奥（Dior）或多尔切（Dolce）、加巴那（Gabbana）这些如雷贯耳的名字一样，想象一下，世界顶级超模身着你最具创意的作品，气宇轩昂地走在伦敦、巴黎、米兰和纽约的 T 台上。网络和时尚杂志刊登的流行趋势、明星大片、与街头时尚都会激发我们创作的渴望。然而，如果希望架起梦想与现实的桥梁，那你需要学习专业的绘画技巧——这是成为时装设计师必须掌握的内容。

本书主要针对初学者，或者想要提高绘画技巧、提升服装设计能力的朋友。读者可以通过半自学的方式掌握时装效果图或电脑时装效果图的绘制方法，将设计想法落实到纸面或电脑上与他人交流。本书阐述了服装效果图和服装设计的基础，逐步梳理完整的绘画与展示技巧，在这其中，我们会学习一些流行的服装人体姿态，这是必不可少的部分，并将其转化为专属于你的时装效果图人体模板。从最基本、最简单的形状开始进行你的时装效果图学习，无需多久，你便会完成这一过程，从无到有、再到能够绘制出令人眼前一亮的时装效果图作品，与此同时你还可以完成你的服装作品集——这是开展你事业的通行证。本书将分步骤详细讲解时装效果图的绘画方法，并辅以大量的效果图与照片进行解释说明。同时，穿插一些绘画练习与范例以及来自世界各地优秀的设计师作品和时装画作品。

本书结合了我在全球服装与生产领域方面的职业经历，以及课程与教育经验——每个学科都互相支撑。从学历、学位教育到短期培训教育，将不同层次的服装课程需求进行整合，讲授全球时装界中时装效果图的实际应用与设计方法。

时装业是一个充满挑战与竞争的行业，掌握如何绘制专业的时装效果图是必不可少的。这本书意在启发并协助提升你的效果图水平，将你的创意与革新的想法付诸于纸面或电脑，与他人进行有效交流。如果希望成为一名成功的服装设计师，需要努力工作并发挥你最大的潜能，相信你的判断力，并可适当放肆！我衷心期望大家在时装界中功成名就！

桑德拉·伯克（Sandra Burke）
英国皇家艺术学院 设计硕士

你不可能教会一个人所有，你只能协助他自己去学会！——伽利略（1564—1642）
授人以鱼不如授人以渔！

序言（Foreword）

本书通过详尽的文字说明，引出大量的实验、想法、方法与已验证的公式化技巧，是一本非常独特的书。时装绘画在过去的数年中被边缘化了，尤其在杂志或时尚期刊中，但最近又由对创意真正感兴趣的人们引领起复苏，如时装画家 Colin Barnes 与 Antonio，他们擅长综合材料的绘画；或著名设计师如 Manolo Blahnik，他喜欢用时装画绘制作品；或如纽约 Barneys 精品店与伦敦 Harvey Nichols 时装店这些零售商；或 *Wallpaper* 杂志，充满了时装画作，其画风又新又酷。

桑德拉将可行的方法与程式化的技巧全部例举于本书中，利用她深厚的知识积累，其中既有来自时尚界的经验之谈，也有作为一名在世界各地众多时尚机构的教育工作者的背景经历，编著了这本充满活力和激情的书。通过阅读和吸收本书的内容，你会得到启发，同时了解时装画的历史与现代的背景意义，并利用其结构和绘制步骤来更好地使用这种"艺术"形式。

保罗·莱德（Paul Rider）

英国皇家艺术学院设计硕士，服装设计顾问。具有国际化的工作背景，曾在米兰、伦敦、悉尼、莫斯科和开普敦工作。同时也是教育家和学术评论家，在英国圣马丁艺术学院、爱尔兰、南非、澳大利亚和新西兰各类服装或纺织院校担任客座讲师。

如果再早一些，在我的时装事业伊始之时看到这本书，那么我的时装效果图水平一定会突飞猛进！

时装效果图是服装设计课程中非常重要的一部分内容，本书阐明了服装效果图、服装设计与时装画如何在服装设计课程中融合为一体。本书一定会得到学生们的极大欢迎，并成为服装设计课程中的关键课程用书。

桑德拉选择来写一本时装效果图的书，对此，我并不奇怪。她拥有国际化的服装行业视野、丰富的服装设计与服装教学经验，谁能比她更合适呢？我建议服装专业的学生、教师和设计师们将此书作为你必备的服装专业书籍。本书的知识结构将带领你一步一步地梳理整个学习过程，因而读者完全可以自主实践，或将其融合进课程内容中。对你而言，这本书将为你在时装画技法学习过程中排忧解难，对我来说，我会把我的灵感更好地呈现在纸张上！

简·汉莫 博士（Jan Hamon）

教育家与顾问，在服装行业工作多年，主要从事影视服装与戏剧服装设计。曾参与开发时尚课程，并开设戏剧服装设计课程与服装史课程 20 多年。

致谢（Acknowledgements）

由于编写本书的原因（已经是第三版），我访问了一些最有影响力的时装院校和世界各地的服装公司，进一步确立了时装和纺织产业与教育之间的关系。

本书是团队努力的结果。首先，我希望感谢所有那些讨论时装绘画技巧发展与商业应用的人们。来自世界各地极具才能的设计师、时装画家、教师、学生、同事与朋友们，与你们思想的交流、你们的鼓励与支持让我非常感动。没有你们我绝不能凭己之力完成本书。我诚挚地感谢你们，感谢所有人，还有之前帮助过我的人们。尤其要感谢：

时装行业

Abigail Back 与 Foschini 品牌，开普敦

Alissa Stytsenko-Berdnik，Vogue DNA 公司

Angelica Payne，时装行业技术专家

英国文化协会，伦敦时装周（LFW）

Christian Blanken，女装设计师

Ellen Brookes，Abercrombie and Fitch 品牌，伦敦

Frances Howie，设计师（Stella McCartney、Lanvin 巴黎），圣马丁艺术学院（CSM）

Georgia Hardinge，女装设计师，帕森斯设计学院巴黎分院

Holly Fulton，女装设计师，伦敦

Jason Brooks，时装画家

Laura Krusemark，i.CTZN, 品牌，洛杉矶

Linda Logan，时装设计师

Lynnette Cook，设计师、时装画家，圣马丁艺术学院（GSM）

Maria Leeke，女装买手，伦敦

Mary Katrantzou，女装设计师，伦敦

Montana Forbes，时装画家

Munko 品牌，童装

Paul Rider，时尚顾问兼客座讲师

Penter Yip，Fashionary 品牌

Peter Lambe，时装画家，Gordon Harris & Education

巴黎国际流行趋势预测机构 PROMOSTYL 公司

Alice、Bronny、Carly、Kerstin，"南瓜补丁"品牌，童装，新西兰

Ricki 与 Aviva Wolman, Citron 服装公司，洛杉矶

Sally Moinet，女装设计师，开普敦

Sarah Beetson，时装画家，IllustrationWeb

Sheena Gao，i.CTZN, 品牌，洛杉矶

Soo Mok，男装设计师

Stuart McKenzie, 时装画家

Violet Wilde, Bespoke Corsets 品牌，伦敦

大学与时装院校

AlisonPrince，德蒙福特大学

Allen Leroux，Fedisa 时装学校（南非）

Andrew Groves，威斯敏斯特大学

Ann Marie Kirkbride，时装画家，诺森比亚大学

Ann Muirhead，考文垂大学

David Backhouse，利兹大学

Gideon Malherbe，伊丽莎白·加洛韦时装学院

Irene Dee，高级讲师，威尔士新港大学

Jane Ledbury，曼彻斯特城市大学（MMU）

Jean Oppermann，时装画家，美国加州艺术学院

Jonathan Kyle Farmer，时装画家，纽约帕森斯设计学院

Karen Scheetz，时装画家，纽约时装学院

Kerry Curtis，巴斯泉大学

Linda Jones，奥克兰理工大学（AUT）

Lee Harding，伯明翰城市大学（BCU）

Lisa Mann，南安普顿索伦特大学

Lucy Jones，新加坡南洋艺术学院

Lynnette Murphy，中央圣马丁艺术学院（CSM）

Martin Dawber，利物浦约翰摩尔大学（LJMU）

Robert Gillan，爱丁堡艺术学院

Steven Stipelman，时装画家，纽约时装学院，女装日报

Sue Jenkyn Jones，伦敦时装学院，上海法国国际时装学院

Tim Gumm，纽约帕森斯设计学院

Wendy Dagworthy，英国皇家艺术学院（RCA）

设计师与时装画家

Aina Hussain，时装设计师

Amelia Smith，印花设计师

Amy Elizabeth Booth，内衣与胸衣设计师

Amy Lappin，时装设计师

Bindi Learmont，时装设计师

Cherona Blacksell，时装设计师

Chloe Jones，时装设计师

Chris Davies，摄影师

Dale McCarthy，时装画家

Donica Sterling，时装设计师

Elina Shripova，时装设计师

Elle Hoi Ming Lau，女装设计师

Esther Simmonds，时装设计师

Frances Shilling，针织设计师

Gemma Aspland，时装设计师

Gemma Linnell，Fashion Illustration & Direction 公司

Hamza Arcan，时装画家

Helen Butcher，时装设计师

Jason Ng，时装设计师

Judy Nell，时装设计师

Kathryn Hopkins，时装设计师

Lidwine Grosbois，时装画家

Lorraine Boyle，剧装设计师

Lucy Upsher，女装设计师

Lynnette Cook（Jason Brooks、Hamza Arcan 时装画家团队）

Martin Percival，男装设计师

Melika Madani，时装设计师

Nadeesha Godamunne，时装画家

Rachel Williams，时装设计师

Satya James，时装设计师

Victoria Eskdale，时装设计师

Yiunam Leung，时装画家

时装画作者 Karen Scheetz

第一章

准备工作

　　时装已经成为一种全球现象，从 T 台到熙攘的街头，几乎世界上的每个人都与它息息相关。世界各地的媒体不断向我们传播最新的时装潮流和流行热点。时装产业拥有数百万工作人员，当然不仅仅是服装设计师，还有时装画家、记者、编辑、摄影师、模特、造型师、发型师、化妆师、服装生产商、销售人员、市场营销人员，当然别忘了，还有教育工作者。很长时间以来，服装都只是人类生存的基本需求，然而渴望改变和与众不同的内心，使我们成为了时装的追随者。

　　Colin McDowell（时尚作家）说："时装区分我们的性别、展现我们的品德、提供我们独树一帜的方式，带动了时尚、生活与文化的流行歌星们、纽约下东区的孩子们、曼彻斯特迪厅的少年们、足球明星们……都在追求时尚。不断地追新求变是整个时装业持之以恒的渴望。"

效果图作品与展台，服装设计师 Holly Fulton，伦敦时装周

本书为谁而写

本书面向服装、纺织品和舞台服装设计专业的学生，也针对教师、设计师、造型师、插画师和渴望踏入时装行业的人群。无论你是初学者还是已具备了一定服装基础的读者，本书都将会帮助你提高服装设计与时装画绘制技巧，并告知你如何利用这些方法投身于时装行业（图 1.1，表现技法进阶曲线表）。

服装效果图技法

时装绘画是一门侧重手眼搭配的应用技巧。这种技巧可以是一种能力或经过训练而熟练掌握的技能。像学习钢琴或舞蹈一样，服装效果图技法需要举一反三，不断练习，直到成为自己的一技之长。

表现技法进阶曲线表（图 1.1）阐述了从无从下笔的菜鸟到游刃有余的时装设计师或插画师的整个过程。就像跳舞的人开始会顺拐，唱歌的人开始会跑调一样，菜鸟们需要通过高度结构化的模板来学习，就像按数字涂颜色的画那样。同时，在曲线表的另一侧，已掌握服装效果图技法的人们也需要一些指导，这样他们的艺术设计作品才能更加符合行业标准。这些绘画技巧与标准，将会在本书中进行论述。

电脑服装效果图 /CAD

《美国时装画技法完全教程》主要针对手绘服装效果图，但不可避免，在设计的某些过程中需要手绘与电脑相结合。相关的软件有Photoshop、Illustrator，这些电脑软件可以为你的设计作品增光添彩，还可以使绘制过程更简便或绘制效果更出色。可参见我的《Fashion Computing-Design Techniques and CAD》一书——此服装设计系列丛书的第三本。

图 1.1 表现技法进阶曲线表
从一无所知的初学者到富有创造力的时装画技法达人。
从初学者到时装画技法达人——本书指导你提高绘画与表现技巧学习曲线。

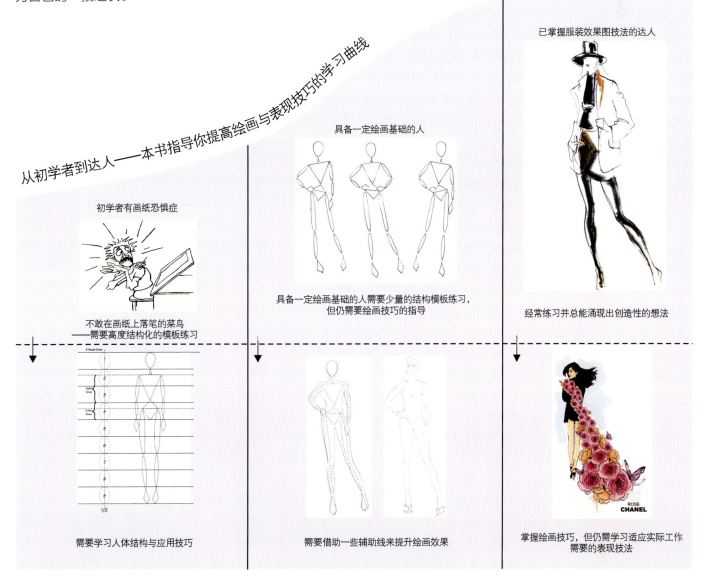

从初学者到达人——本书指导你提高绘画与表现技巧的学习曲线

初学者有画纸恐惧症

不敢在画纸上落笔的菜鸟——需要高度结构化的模板练习

需要学习人体结构与应用技巧

具备一定绘画基础的人

具备一定绘画基础的人需要少量的结构模板练习，但仍需要绘画技巧的指导

需要借助一些辅助线来提升绘画效果

已掌握服装效果图技法的达人

经常练习并总能涌现出创造性的想法

掌握绘画技巧，但仍需学习适应实际工作需要的表现技法

时装设计师与时装画家

大多数的时装流行趋势来自于富有创造力的时装设计师与时装画家们，他们用自己的智慧将时装的语言传递给制造商与媒体。他们将自己亲眼所见落于笔下。但时装设计师与时装画家对时装画技法的需求有明显区别。

时装设计师——时装设计师的设计图要与样板师、样衣工、买手的设计团队进行沟通。设计师要将自己的设计绘制得明确易懂，但没有必要比时装画还精彩。时装设计师绘制出款式图与工艺细节图，制板师制出相应的服装样板，制作出样衣或服装原型。在数次的讨论、修改之后，最终的样衣会在生产大货前，展示给买手进行选样。这些内容可参见笔者的另一本书《国际时装设计：流程详解》——服装设计系列丛书的第一本，网址：www.fashionbooke.info。

时装设计师需要每时每刻关注最新流行的款式、色彩、面料趋势，并将这些流行元素融入不同的顾客与市场，如春夏成衣系列、春夏度假系列，一般来说，每季的设计作品都会有主题，如青年摇滚。最重要的是，设计师的作品一旦投向市场必须售罄，不能成为库存。实际上，虽然设计师的设计图应该尽量精彩，但在市场环境下，商业企划比艺术化的效果图更为重要。

时装画家——与此相反，时装画家能够给时装设计师或品牌添加独特的创作风格。时装画技巧可以确立并提升服装设计速写作品的视觉效果，使其更绚丽、更富创意。时装画作品主要应用于服装设计展示、时装广告、市场推广或新闻图像报道，不仅仅是一件独立的设计绘画作品，而代表了整体概念和整个系列或主题的样貌。时装画其自身就是一门针对消费者的、展示与烘托时装设计作品的商业艺术。

如何使用本书

只需简单几步，本书将指导你如何绘制并展示你的时装人体姿态与时装设计作品，绘制出被大众认可的时装画作品。

本书的章节结构循序渐进，从时装画基础开始，辅以简明易懂的范例。

第二章和第三章：讨论了在服装行业中所需的绘画工具与草图本。初学者选择最基本的绘画工具即可，随着全书内容的深入、服装效果图技法的进步，可以逐步加以完善。在每一章节的开头部分也会介绍该章节所需要的绘画工具。

第四章至第十四章：引领你掌握服装效果图绘制技法。鼓励在纸上画下第一笔，开始，你会用一些简单的直线、涂鸦、曲线，利用三角形、弧形这样简单的形状勾画出九头身的人体模板。很快，你可以利用这些简单的技巧绘制出很多时尚的效果图人体。

服装效果图人体动态表（图 1.2）里的模板 1~7 是服装效果图中常用的人体姿态，在此表中也可以看到每一章节讲述的服装效果图技法顺序。整本书中，你完全依照这个步骤：填充人体、绘制款式图并将服装置于人体上、绘制更加真实的面料、创造出精彩的表达效果，为你的作品集增色添彩。除此之外，内容也涉及了写生、男装效果图、童装效果图和电脑服装效果图。

相关术语：全球的企业与教育机构在艺术、服装和面料领域会使用不同的术语，在本书中，我们会对此加以注释说明。

此书包括来自世界各地时装设计师与时装画家们提供的范例作品，以及使用的技巧和绘画工具说明。这些范例会启发你的灵感、激发你的创造力、加深你的理解力。时装绘画技巧、教学和标准是在服装效果图、设计与展示方面建立自信的指导方针与方式。在提高自身水平与专业风格上，有一些广泛使用的严格规定和经验。

服装效果图人体动态表

姿态	人体姿态	几何造型	填充人体	完整人体模板（含面部等）	着装人体	面料的艺术表现
模板1 正前面	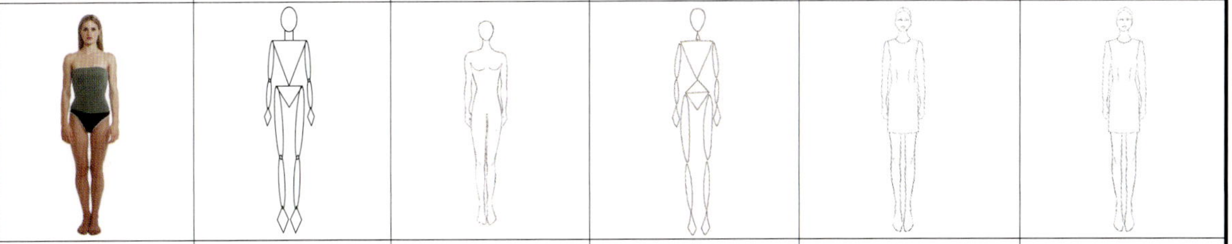					
模板2 臀线倾斜 正前面	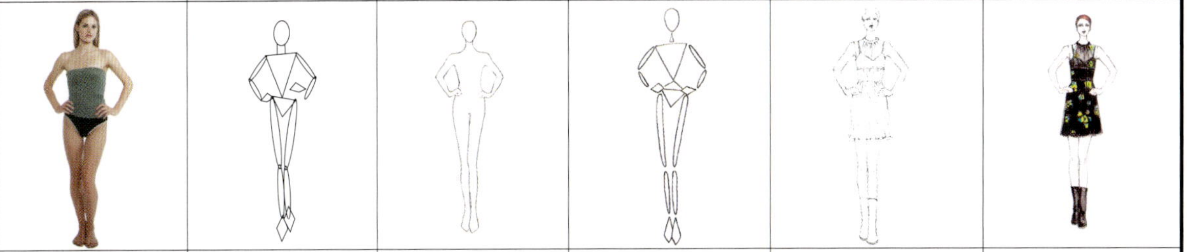					
模板3 臀线倾斜 正前面	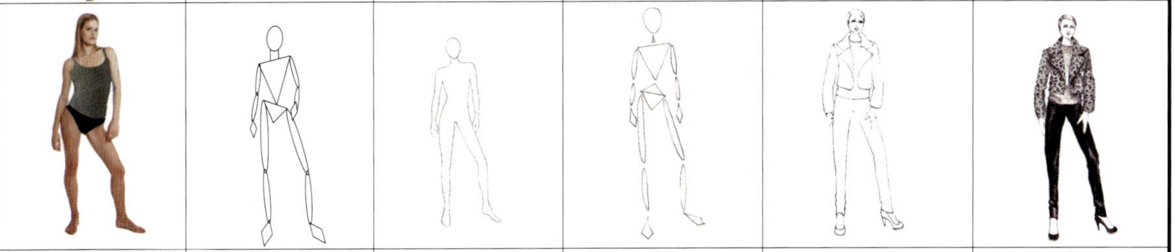					
模板4 臀线倾斜 微侧面	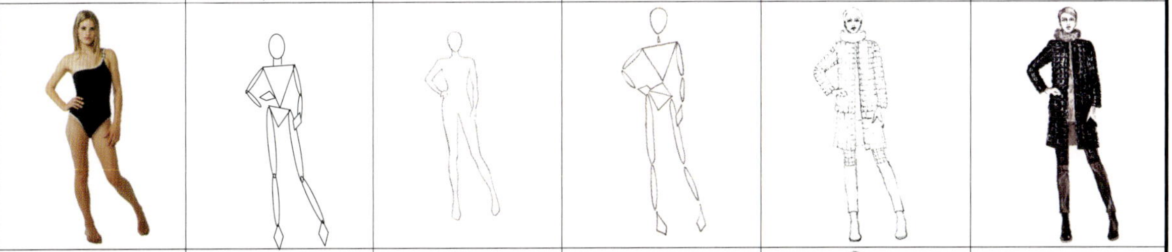					
模板5 臀线倾斜 微侧面	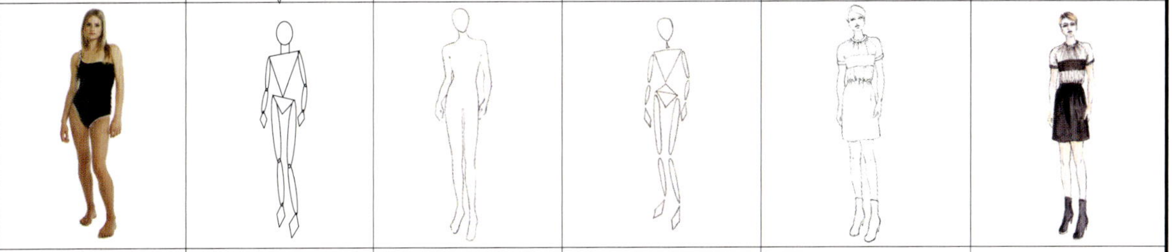					
模板6 3/4侧面	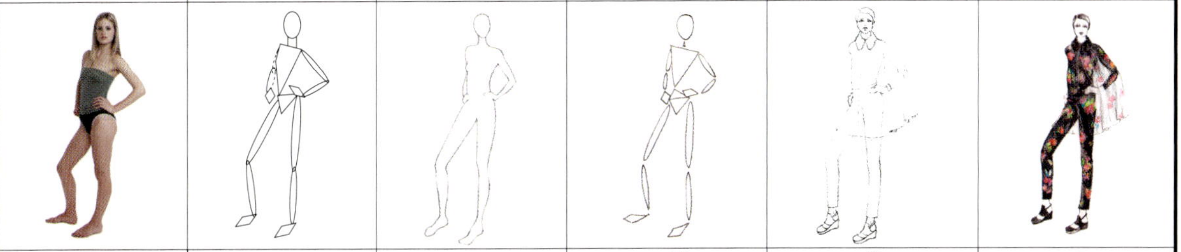					
模板7 背面	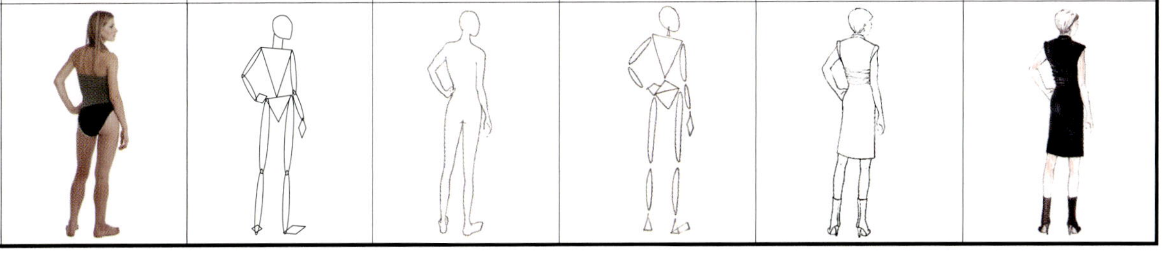					

图 1.2 服装效果图人体动态表

该表展示了效果图技法中由简入深的人体姿态，并贯穿于本书。

第二章

绘画工具

"差劲的工匠总会埋怨自己的工具"，如果你拥有了下文介绍的绘画工具，那么你需要另找个借口了！！

大多数的时装设计师和时装画家在绘制服装效果图、时装画和作品展示时都会采用手绘与电脑相结合的方式。

尽管只需一根铅笔和一张纸就可以开始服装效果图的学习，但我还是建议读者们对照"初学者画具"这部分内容来准备你的基础画具，这些画具包括了你在进行本书练习时所需的一切东西。在每一章节开始前，也会有"本章节所需画具"，来介绍本章节读者要准备的东西。如果你的服装效果图技法已经达到一定水平，还希望更进一步完善你的画箱，那么，"升级版画具"部分，则提供了一份更加全面的画具列表。

服装效果图 作者：Dale McCarthy——潘东钢笔（皮肤、胸衣与基础发色）与更精细的铅笔蜡笔与褐色勾线笔

组图 2.1 专业绘画工具

选购画具

绘画工具丰富多样，让人眼花缭乱。我的建议是，开始时，你只需购买"初学者必备画具"中所建议的工具，或每一章节开头所列的"本章所需画具"。

（1）先把所有画具过目一遍，感觉一下你需要购买什么；

（2）咨询专业人士，如商店的店员或网络专家；

（3）购买前，试用下样品；

（4）浏览产品的宣传册或宣传单，尤其是着色工具；

（5）问清楚是否能享受学生折扣。

普通与专业画材

画材有普通和专业两种质量类型。

（1）在练习和提高阶段，普通画材的价格更为理想；

（2）专业画材使用更高级的颜料与材料，色彩更加持久、更接近实际颜色，不会出现混色或纸张留痕的情况，适合绘制最终完成作品的效果图表达。

初学者必备画具

画具箱：将起稿和着色工具集中放在一个塑料工具箱或画具箱里，所有画材都整齐地摆放其中，带有如上右图中悬臂式托盘的箱子最理想。

起稿工具

（1）铅笔：H、HB、2B 到 6B/9B，标准的 HB（H 代表硬度，B 代表黑度和软硬程度）；H 属于硬质铅笔（技术制图中经常使用），HB 属于软硬适中的铅笔，2B 到

6B/9B，数字越大笔芯越软（素描、绘制阴影或写生时经常使用）。

（2）自动铅笔：无需削磨便可以绘制出粗细一致的线条。多种粗细笔芯可选——是技术制图的绝佳选择。

（3）黑色墨水勾线或针管笔：从 01 号到 07/09 号，笔芯逐渐加粗。

（4）炭笔：呈条状，铅笔类，在"写生"这一章节需要用到。

（5）滚珠水笔（银色和白色）：多用来点亮高光和调整黑色与暗色。

图 2.2 Nicole Kidman 在电影《红磨坊》中的角色 Satine——水粉画。

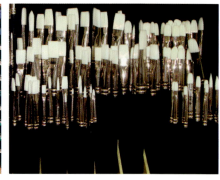

组图 2.3 专业绘画工具

着色工具

盒装颜料与单管颜料： 小盒装颜料只包含一些基本色，大盒装颜料颜色更多。

（1）盒装颜料只有特定的某些色彩；

（2）其他所需色彩可单独购买。

马克笔： 价格高，但简单几笔就能表现出色彩与面料，因此广泛应用于设计工作室中。一些马克笔有三至四个触点，既可以绘制粗线又可以刻画细线，有些马克笔还可替换笔芯。绘制头发可以选择黑色、裸色系、金色和深褐色，阴影可选择浅灰色，其他颜色可根据自身要求进行选择。水性马克笔可以营造出水彩效果。

彩色铅笔（水溶性）： 可干湿两用，加水可绘制出水彩效果。

色粉笔（水溶性）： 有条状和笔状两种类型——条状色粉笔可以在写生时绘制出各种各样的线条；笔状色粉笔更适合细线绘制。定画液可以帮助固定色彩，不让粉状颜色掉落（加入水分则不需要使用定画液）。

笔刷（搭配颜料或水溶性材料）： 号型从 1 号（细）到 7 号（中等）再到 15 号（粗），价格和质量也取决于笔刷毛与型号——人造毛一定比貂毛便宜。

笔筒： 带盖子的筒状物，可以防止笔尖受损——保持毛笔干净耐用。

纸张

我建议学生们使用至少 A3 尺寸的纸张来绘制服装效果图人体，这个尺寸能够在绘制过程中提升自信与创造力。在写生章节，建议大家选择至少 A2 的纸张，能够更自由地进行创作表现。

半透明纸 / 平板纸 / 薄页纸： 80 克的纸因为克重太轻且不宜着色（遇水容易起皱），因此适合绘制草稿或拓印，不能用来完成最后的成稿。打印纸也可绘制草稿，但不够透明也不适合拓印。

厚图画纸 / 通用多功能纸： 适合铅笔和马克笔，遇颜料或水容易起皱。

马克笔用纸： 纸张薄且光滑，吸水度适中，马克笔专用。能够绘制出流线型的线条与细腻的渲染效果。

报纸 / 牛皮纸 / 包装纸： 在"写生"章节中会用到这类纸型，有各种颜色、各种平滑度、各种纸质，可任意选择。因为不可避免地会有很多浪费，可以选择便宜的纸张。

速写本、资源夹

速写本： 口袋大小，在路上、街头、商店里、专卖店时可以随时记录涌现出的灵感。

绘图本： A5 和 / 或 A4 是常规的灵感记录本的尺寸。

绘图本： A3 尺寸，适合进行一些设计拓展、绘制效果图人体或草图。

文件夹： A4 大小，可以收集灵感图片——杂志剪报、面料小样、时装照片等，还可以对图片分门别类，方便寻找。

具体内容参见"速写本"章节。

图 2.4 作者：sarah Beetson，综合技法，后期使用 Photoshop 编辑。

图 2.5 Martin Percival 的速写本

图 2.6 Lorraine Boyle 的草图拓展与面料

作品集

作品集： A3 或 A2 大小，风格要求如下：

（1）简单的方形文件夹；

（2）作品插入透明活页中，可固定并便于翻阅；

（3）中间最好加入一些折页，效果会更佳（见上图）。

一个制作精良的作品集可以终生受用，它可以。

①将你的作品保护起来，保护其干净、平整，并能防止损坏；

②将作品收集起来，并保持秩序井然；

③展现作品最为实用和专业的方式，在面试或与客户交流时也极为合适。

空白活页： 大小多样，可分开购买以适应不同尺寸的作品。

参见"时装作品集"章节，这部分内容还包含电子作品集介绍。

其他画具

橡皮： 塑料橡皮适合铅笔，灰褐色橡皮能够在炭笔和色粉作品中提亮高光或柔和色调。

定画液： 固定炭笔画和色粉画色彩，防止粉尘散落及弄脏画纸。

穿衣镜： 审视自己的全貌（动势、重心、服装与人体的关系、面料褶皱），在"几何造型技巧"章节尤其适用。

裁纸刀 / 手术刀： 裁切纸张、卡纸、硬纸板，或削铅笔。

胶带和画板夹： 画板上固定纸张。

金属直尺（90 厘米和 30 厘米）： 协助切割卡纸或厚纸；相对于塑料直尺或木尺，更加安全。

锯齿剪刀： 将面料小样边缘剪成锯齿状，可防止面料磨损。

普通剪刀： 纸张与面料不能使用同一把剪刀，否则刀锋会变钝。

双面胶： 在作品集里黏贴面料等物品。

喷胶： 质量优良的喷胶能够如胶棒一样黏合紧密（除非用力撕扯，否则很难撕开），且不易留下胶痕，在大面积的纸张或碎纸上喷洒可以面面俱到，适合大面积黏贴。

黏合片： 有良好的附着力，不存在喷胶的喷雾问题。

胶水、PVA 胶水： 可以黏贴纸张、卡纸和面料，价格便宜，但黏合或分离不顺畅，有时甚至会帮倒忙。

画板： 我推荐选择有角度倾斜的画板，优势如下：

（1）舒适——不必弓腰俯身，可以轻松且自由地作画；

（2）在座位上即可审视作品；

（3）画板表面平整且坚固。

画板性能可参考如下几方面：

①轻巧便携（原木材质且打磨光滑）；

②能调节角度的塑料画板，并有小型灯箱的功能（见下页图）；

③创意绘图工作台——可调节台面角度；

④带座或者不带座位的画架。

以上工具使初学者的必备画具更加完善。

图 2.7 台式作品集展示，丙烯酸绘制的草图，作者：Linda Jones。

图 2.8、图 2.9 时装画家 Sarah Beetson 的工作照以及其令人心潮澎湃的艺术家调色盘。

升级版画具

当你的绘画水平逐渐提高以后，还可以根据以下罗列的工具继续充实你的画具。

注意：新产品不断涌入市场。

起稿与着色工具

自动铅笔与笔芯： 技术制图或进行细节刻画；

圆珠笔与滚珠笔芯： 有黑色、蓝色等，有粗有细；

图 2.10 Laura Krusemark 服装效果图作品，综合画法——铅笔勾勒外轮廓线，水彩刻画面料细节。

德国红环海图笔： 可以用来绘制细节和技术制图；

印度墨水和普通墨水： 搭配钢笔或画笔使用，可以用来绘画或书法；

马克笔混色笔： 在纸张上混和色彩，防止出现条纹，在上一笔没干之前迅速绘制出下一笔；

水粉： 加大量水可以营造出水彩效果，干燥后颜色会稍有改变，适合平涂，调色需要一定技巧；

丙烯： 可以涂得很厚，也可以如水彩一样薄画，速干、耐水，可以覆盖其他颜料，比水粉色彩更鲜明，经常用来塑造质感（白色和凝胶光泽般的丙烯非常适合刻画细节）；

水彩颜料： 颜料管中储存，也可挤在调色盘中，还有单独块装颜料（固体小块颜料——需小心保存，防止摔坏）；

广告颜料： 适合大胆的绘制技法，水性；

油画棒： 有粗有细，需要特殊溶剂稀释才可以擦除；

蜡笔： 蜡质，不易与其他颜料搭配使用——但效果很棒。

画纸与卡纸

马克笔专用纸、Zeta 纸： 与平板纸和薄页纸相比，质量更好、稍贵一点，使用马克笔时不会渗色；

拷贝纸 / 页： 有平板纸和薄页纸两种可选；

水彩纸： 部分水彩纸纹理较深，价格多样，用于水彩画和铅笔画——如果要用颜料涂满整张纸，则最好拉伸一下，或在涂色前拉伸下纸张；

展示用纸 / 卡纸 / 卡板： 不同颜色、不同纹理、装饰用纸，需要时购买，因为有各种克重、各种粗糙或光滑的纸质，还有表面颗粒状的手工制纸等类型；

衬托纸板 / 卡纸： 各种颜色和各样类型，需要时购买。

图 2.11 作者在简易灯箱工作台前工作

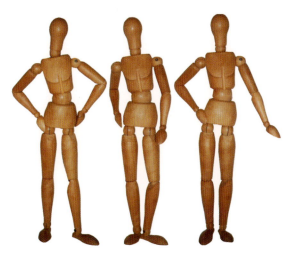

图 2.12 人台（人体与手部）

其他类

油性白马克笔 / 修正液： 白色液体，可在相应的纸张上塑造高光效果；

覆盖液 / 膜： 可以防止某些区域被涂上颜色，当着色完成后，很容易擦掉；

调色板 / 盒： 调合颜料或墨水；

棉签、婴儿 / 卸妆棉片 / 棉棒： 清洁画面或混合颜料；

松节油： 和婴儿棉片搭配使用，可以在已涂色区域营造出不同的色调（可以在非常厚的纸张上使用此方法）；

蜡烛（蜡状）： 如同蜡染原理一样，用蜡烛擦拭纸张表面，颜料不会粘附于涂蜡的区域；

法式曲线板、三角板： 绘制服装款式图与服装样板；

人台： 见上图，身体各部位皆可活动的小型木质人台，可以帮助我们找准姿势、比例和透视。

辅助工具

灯箱工作台： 拷贝画作（增强透明度），经济实惠的简易灯箱工作台非常实用（见上图），可以用自己的书制作一个，上方安置一块透明板，下方有强光照射即可；

切割垫： 营造出完美的切割面，在切割纸张或纸板时保护下层的桌面或台面；

照相机、Ipad、Iphone 等设备： 为资源夹搜集照片灵感，拍摄你需要的照片，可将照片整合入绘图本、Ipad 中，为你的设计与展示提供灵感；

电脑： 极大地提高你的设计和展示效果，详见我的著作《Fashion Computing-Design Techniques and CAD》；

彩色打印机： 通常只可打印 A4 纸张，在打印店可打印更大尺寸；

扫描仪： 扫描图片；

复印机： 便捷与复制——重新调整图片尺寸、复印作品、对面料和画作重新着色。

现在你已经准备好了，拿起你的画箱，跟随我们接下来的章节，进行服装效果图之旅吧！

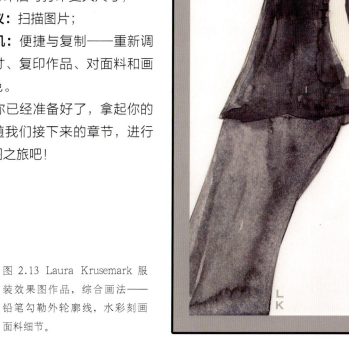

图 2.13 Laura Krusemark 服装效果图作品，综合画法——铅笔勾勒外轮廓线，水彩刻画面料细节。

第三章

速写本

从 T 台到街头，时装是需要不断寻求灵感的行业。身处其中，你要不断追寻新奇的事物、创意的想法和最新的流行趋势，激发你的灵感，设计出符合市场定位的原创作品。当遇到有趣的设计想法时，一定不要寄希望于你的记忆力，所谓好记性不如烂笔头，要习惯地将它们记录到你的速写本中。速写本非常适合记录零散的设计灵感，同时也能在此基础上进行有效的延伸设计过程。而资源夹（包括电子版文件夹）则适合收集杂志简报、灵感图片、摄影作品和面料小样。

随着你慢慢地充实速写本与资源夹，它们也会随之成为你得心应手的设计资源数据库。在设计构思开始初期，这些收集好的资料会提供给你大量的视觉影像，拓宽你的设计思路，但本章同时也会指出，这些资料必须具有一定的条理性，才会事半功倍。

Aina Hussain 的速写本

本章节所需画具

（1）A3 半透明纸；

（2）速写本和文件夹——详见"第二章 绘画工具"；

（3）画具：2B 铅笔、勾线笔等，彩色铅笔或马克笔（快捷并便于使用）；

（4）双面胶、PVA 胶水、订书器；

（5）剪刀——纸 / 面料；

（6）锯齿剪刀——裁剪面料小样；

（7）照相机、Iphone 或智能相机、Ipad/ 平板电脑 / 平板电子设备等——捕捉设计灵感。

设计灵感

设计灵感可以源自本土、全球、历史、当代与未来，将灵感融合之后才可以创造出全新的设计。例如服装设计，并不是简单地画出漂亮时尚的效果图，它涵盖了从艺术到设计更为宽泛的层层面面。

（1）从 T 台到街头、从部落文化到艺术、从音乐到电影、甚至建筑、美食和科学，我们都可以从中找到灵感。

（2）紧紧跟随时尚潮流，不但要关注制作精良的高级时装、高级成衣，还要着眼经济实惠的大众成衣。

你的灵感可以来源于：

① 时尚杂志、流行趋势报告和网络电子资源（如网站和社交媒体）；

② 时装发布会和展览；

③ 服装零售商店和服装市场；

④ 街头时尚——人们穿着的服装样式和服装的搭配方式；

⑤ 着眼于服装整体，不但要关注服装流行，还应注意：

a. 配饰——从鞋子到手袋、帽子、珠宝首饰；

b. 发型与化妆；

c. 面料——质地、设计和印花；

d. 色彩——流行色或某些专属颜色（某个色系或者专为某一系列服装调制出的色系）。

组图 2.1（从左至右） 伦敦时装周的时尚达人兼服装设计师 Holly Fulton，伦敦时装周的服装龙门架，伦敦时装周的时尚楼梯。

图 2.2 速写本——爱丁堡艺术学院

图 2.3 速写板——Laura Krusemark， ICTZN 品牌

速写本

时装速写本，也称作时装日志、时装日记、工作记录本或草图本，是国际公认的名称，用来捕捉灵感与设计想法。速写本（包括电子设备——Ipad、平板电脑）可以作为你的视觉资源库与设计进行过程中的宝贵信息资源。

（1）心动不如行动，每天动手画图；

（2）时刻准备用草图记录所感、用纸、笔标注所闻、用照片记录所见；

（3）真正落下笔来能够治愈你的画纸恐惧症。速写本是非常好的建立自信的方式——画些线条，你会发现很多乐趣；

用你的速写本：

①记录你的想法和设计灵感；

②展示色彩／面料质感；

③绘制设计想法；

④深入设计，用色彩表现面料；

⑤准备一个手掌大小的本子记录市场信息——现在流行什么？商场流行什么样式？哪种款式销售得好？哪种销售得不好？最受欢迎的颜色、款式、面料都是什么？等之类的信息。

资源夹

设计资源夹，也称作剪报、剪贴集、图片和私人档案，名字取决于你收集的视觉资料类型。这些图片再加上速写本，可以为我们的设计拓展到最终展示提供灵感来源。收集的内容包括：

（1）来自杂志、时装和流行趋势网站中的图片；

（2）触动内心的明信片和图像；

（3）面料与色彩小样。

从以下渠道收集与整合信息：

（1）艺术——戏剧、歌剧、电影、音乐、芭蕾——服装与剧装、文化、古代服装。思考电影《蒂凡尼的早餐》《绝代艳后》《油脂》《西区故事》《雌雄大盗》。

（2）艺术博物馆——注意其媒介、色彩、风格与技术的应用；不同时期的服装与人物形象：巴洛克风格、印象主义、超现实主义。思萨尔瓦多·达利（Salvador Dali）、古斯塔夫·克林姆特 (Gustav Klimt)、米开朗基罗（Michelangelo）、毕加索（Picasso）、高迪（Gaudi）、埃贡·席勒（Egon Schiele）、安迪·沃霍尔（Andy Warhol）。

（3）历史服装——注意剧装设计，织物、饰边、发型、鞋履。思考：紧身胸衣、夏奈尔式套装、不同年代（如 20 世纪 40 年代、60 年代、80 年代），甚至是 19 世纪。

（4）博物馆——注意历史服装与民族服装、纺织品、文化的影响。思考：中国的纸张印刷术、非洲的部落民族服饰、土耳其的基里姆地毯。

（5）旅行时，当地的民俗与街头的民风——思考：印度纱丽、日本的和服、太平洋印花、阿拉伯长衫。

（6）照片——视觉效果与技术手段、趋势与概念，思考：马里奥·特斯蒂诺（Mario Testino）、尼克·奈特(Nick Knight)、塞西尔·比顿（Cecil Beaton）、帕特里克·德马舍利耶（Patrick Demarchelier）、赫尔穆特·牛顿（Helmut Newton）、曼·雷（Man Ray）。

（7）电视剧——古装片、现代片、科幻片、文化的、历史的。思考：《唐顿庄园》《星际迷航》《神秘博士》。

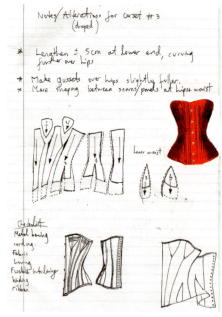

图 2.4 伦敦时装周——雕塑:《快门瞬间!》

图 2.5 速写本——Dale McCarthy

图 2.6 将灯具与建筑作为灵感来源——Angelica Payne

图 2.7 伦敦时装周——Sibling 品牌

图 2.8 速写本日记——Kyle Farmer（帕森斯时装艺术学院）

（8）运动——服装风格、面料、色彩、运动流行趋势对生活方式和设计的影响。思考：奥林匹克、自行车运动、单板滑雪；

（9）建筑设计与室内设计——色彩、造型、结构、构造、图案、比例。思考：极简抽象艺术、哥特风格艺术、日式风格艺术；

（10）美食佳肴的世界——美食的流行会带动生活方式、设计和服装的流行。思考：印度辣椒、越南菜、泰国菜。

实际上，围绕在我们身边的、我们接触的任何事物，都会激发我们的灵感和想象力，从而激发我们的设计。

将图像归档

为了更好地整理、更快地检索你收集的信息，可以考虑将这些信息通过如下方式进行细分：

（1）外观/概念/情感/主题；

（2）人物——女性、男性、孩童，可以将他们作为人物形象和姿态参考；

（3）服装——连衣裙、短裙、衬衫、上衣、裤子、茄克、日装/休闲装、运动装、晚装；

（4）面料与辅料——面料设计、织物、印花、蕾丝、纽扣、流苏、色调；

（5）色彩——色系与色彩灵感；

（6）历史服装——某一时代或某一时期的服装；

（7）剧装设计——人物、地区；

（8）少数民族服装——按国家分类

（9）设计——字体、标题、图形、展示布局构思；

（10）影响时尚进程的偶像——演员、音乐人——Lady Gaga、Madonna、Marilyn Monroe、Grace Kelly、Jackie Kennedy Onassis、James Dean。

既然速写本与资源夹已经准备就绪，那么你就可以开始寻找你的设计想法和设计灵感了。

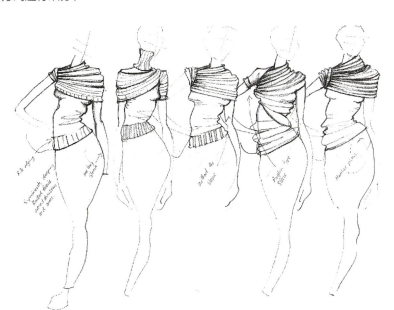

图 2.9 设计拓展——Frances Howie

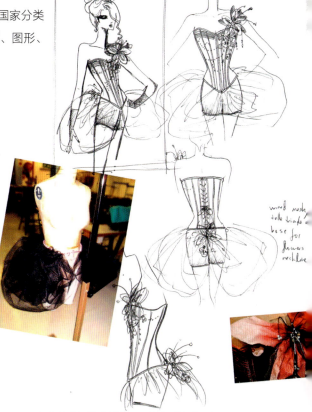

图 2.10 紧身胸衣设计绘图板——Dale McCarthy

23

第四章

几何造型技巧

"火柴人"是绘制人体最基本的方法——我们可以通过这种方法刻画所有的人物。本章将带你更深一步领略服装效果图的基本原理与绘制时装画人物（或时装草图）的简单技巧，让你快速展开行动，同时帮助你找到自己独特的人物模板，以备将来应用到自己的绘画作品与设计作品中。本章内容包括：

（1）人体比例；

（2）九头身模板；

（3）平衡与动势；

（4）透视；

（5）几何造型技巧；

（6）速写与S曲线技巧。

完成本章节的学习后，你将会自信地绘制出服装效果图人体动态表（见第13页）中人体动态的轮廓，就像提高你的阅读与写作技巧一样，你将能学会如何绘制出非常漂亮的服装效果图人物。

服装效果图作者：Linda Jones

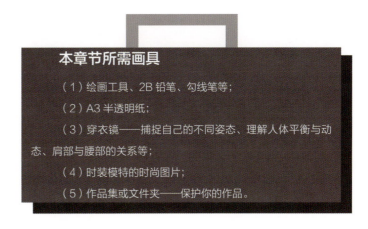

本章节所需画具

（1）绘画工具、2B 铅笔、勾线笔等；

（2）A3 半透明纸；

（3）穿衣镜——捕捉自己的不同姿态、理解人体平衡与动态、肩部与腰部的关系等；

（4）时装模特的时尚图片；

（5）作品集或文件夹——保护你的作品。

服装效果图人体比例

标准的服装效果图女人体，较为年轻与苗条，拥有平直的肩膀、挺拔的胸部、纤细的腰肢和修长的双腿。

人体可以用头长和头高来辅助测量，这也是衡量人体比例最简单的方法。

（1）普通女性身高大约 7~8 个头长（图 4.1）。与此相反，服装效果图中的女性人体身高大约在 9~10 个头长，甚至更长（图 4.2）；

（2）从头顶至裆部，服装效果图中人体比例基本上与普通人体比例相同。多出的长度都在腿部，这样可以使腿部更修长、更有型，着装后的效果更佳（图 4.2）。

9 头身人体绘制指南

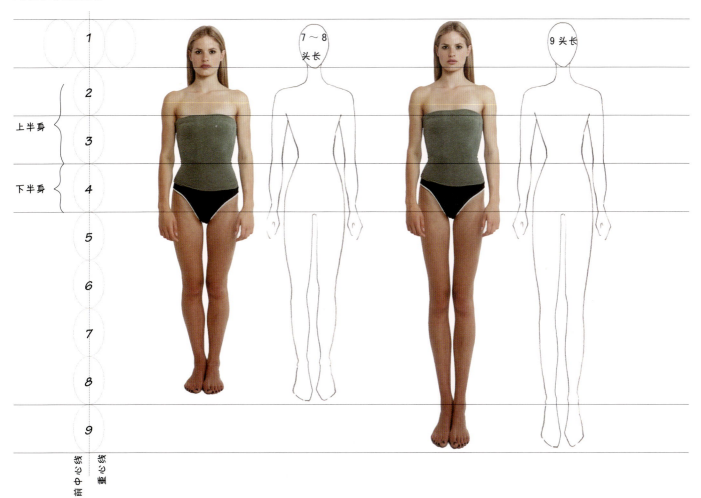

图 4.1 普通女性身高大约 7 ~ 8 个头高

图 4.2 服装效果图中的女性身高大约为 9 ~ 10 个头高（模特的腿部通过 Photoshop 加长）

9 头身人体模板

基础的 9 头身人体模板一般是正面、左右对称的人体，以头长和头宽为基准，在这里，我们使用一些简单的形状，如椭圆形与三角形就能把人体勾画出来。

9 头身人体模板对所有的服装效果图姿态来说，是一个极好的切入点。这里所展示的可作为人体比例的参考。

注意： 在某些情况下，电脑软件可以帮你画出更加清晰的参考线，但还是建议读者用手绘的方式绘制。

参考线与形状只是在你开始时的一个粗略参考，辅助你找到自己的服装效果图风格。

练习 1：

将画纸大致均分成 9 个头长，如下面介绍的那样（无需特别精准）（图 4.3、图 4.4）：

（1）画出 10 条水平线，每两条线之间的宽度约一个头长；

（2）在分割出的每段空间内注明数字 1 到数字 9；

（3）绘制肩线与臀线（虚线部分）；

（4）对线命名；

（5）绘制一条垂直竖线，这是人体的重心线（V/B）与前中心线（C/F）。

用椭圆形与三角形绘制人体（图 4.4），见如下步骤：

（1）在第一个空间内，绘制合适大小的椭圆形作为头部；

（2）从头部向下至肩线，绘制脖子轮廓线；

（3）利用倒三角形绘制出上身：肩部宽度约为两个头宽；

（4）两个小一些的三角形绘制腰节以下部分：腰节点至臀线、臀线至裆部——臀部宽度约为头宽的1.75；

（5）两个细长的椭圆绘制上臂与下臂：

上椭圆——肩膀至肘部；

下椭圆——肘部至腕部；

（6）菱形绘制手部，长度为3/4 头长；

（7）两个细长的椭圆绘制腿部：

上椭圆——臀部至膝盖；

下椭圆——膝盖至脚踝；

（8）菱形绘制脚部，长度为一个头长；

（9）将这张图稿命名为"模板1"，这是你的 9 头身基础模板，在接下来的章节里，将会使其有血有肉，并成为自己的作品。

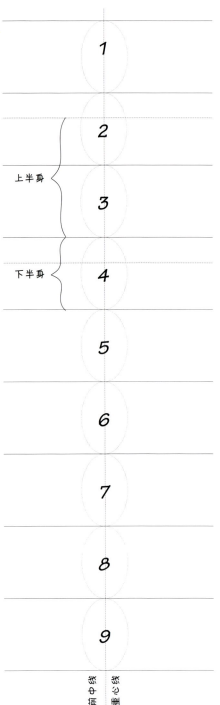

9 头身人体绘制指南

图 4.3 将画纸 9 等分

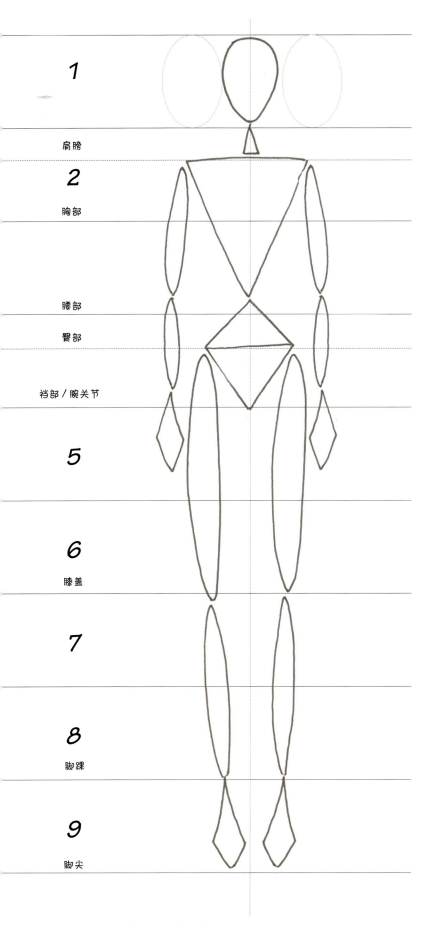

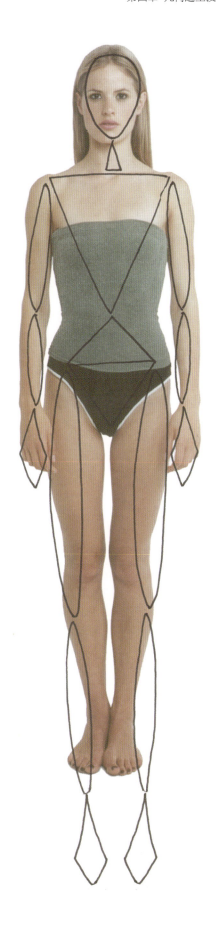

图 4.4 模板 1（人体动态表）
以头长与头宽为基准，由椭圆形和三角形（基本形状）构成的 9
头身人体 。

图 4.5 演示人体怎样由椭圆形与三角形构成，以及腿部
拉长至服装效果图长度。

平衡与姿势

重心线（V/B）

了解人体的平衡原理，能够给服装效果图增添生气。重心线（V/B）是确保人体平衡与不倾斜的非常重要的参考线。重心线由颈窝点开始，垂直至地面，这条线永远不会弯曲、倾斜——就铅垂线一样。

练习2： 为了更好地理解这一内容，我们需要一面穿衣镜来审视自己的重心线（图4.6）：

站直，左右两脚的受力相同——肩膀、腰部和臀部保持自然的平衡。设想一下，重心线从脖子上的颈窝点直线向下至地面。我们可以观察到重心线处于身体的正中间，与两脚之间的距离相同。

重心线与上臀线

如图4.7，做出一样的姿势，将体重放到一只脚上。现在可以看到，重心线从颈窝点垂直向下，落到了承受重量的腿上。肩线与腰线也呈相对的角度——现在的姿态有了动势与活力。

承受重量的腿部称为"承重腿"（A）或"受力腿"。承重腿一定是直的，另外一只没有承重或受力较少的腿部，称为"平衡腿"（B）。

注意：

（1）重心线（C）垂直穿过承重腿；

（2）臀线（D）与肩线（E）呈相对角度；臀线（D）较高称为上臀线；

换一个姿势，将另一只脚换成承重腿，可以看到刚才的姿势镜像反转（图4.8）。而重心线也垂直穿过另一只腿部；

（3）移动你的平衡腿，可以观察到，只要你的承重腿位置不变，另一只腿可以任意变换位置。

（4）将你的手臂变换到任意位置，可以注意到，从颈窝点垂直下来的重心线，仍然落在承重腿上。

人体动势

分析如下几种姿态（图4.9），考虑重心线对于动势的影响。

注意：

（1）所有放松类型的姿态，重心线从颈窝点向下，永远都落在承受重量较多的腿部；

（2）肩线通常与腰线、臀线呈相对角度；

（3）上臀线与肩线倾斜的姿态更时尚、更有活力。

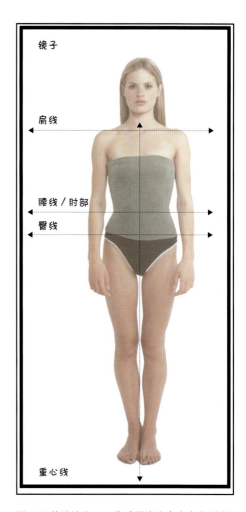

图4.6 基础站姿——体重平均分布在左右两脚、肩部、臀部和腰部。

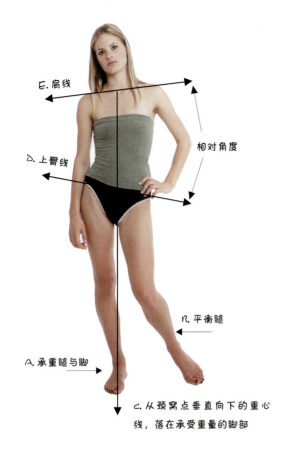

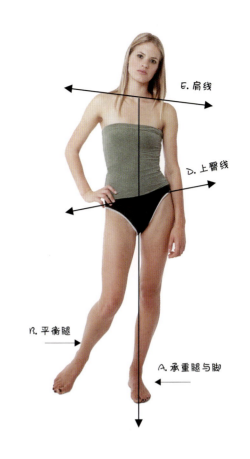

图 4.7 重心线穿过承重腿

图 4.8 相反的姿势，重心线穿过另一只承重腿

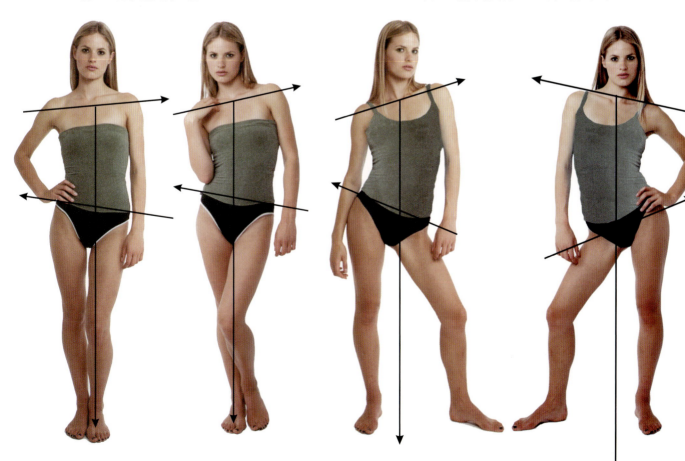

图 4.9 不同承重腿的不同姿态，可以看到重心线一直落在承重的
那腿上，而肩线与臀线也呈自然的相对角度。

服装人体透视

了解不同动态的人体透视可以帮你绘制出正确的人体比例。这部分的内容我们来探讨一下圆弧人体图，可以看到手臂、腿部与前中心线的关系。

圆弧人体图

正面人体的手臂与腿部移动的轨迹是平行的，长度保持不变（图 4.10）。与此相反，当模特或人体的手臂和腿部弯曲或向后移动时，他们的长度看起来缩短了（图 4.11）。详见莱昂纳多·达·芬奇 1490 年的素描作品《维特鲁威人》。

图 4.10 圆弧人体图——手臂与腿部保持长度不变，移动轨迹呈圆弧状。

图 4.11 当模特摆动双臂向前走时，其中的一只手臂与一条腿部长度缩短。同时注意肩线、臀线与膝盖连线的角度关系。

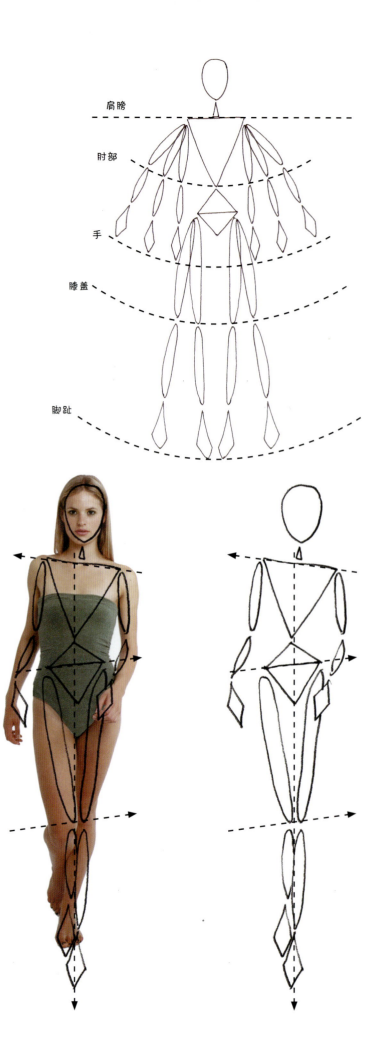

肩膀

肘部

手

膝盖

脚趾

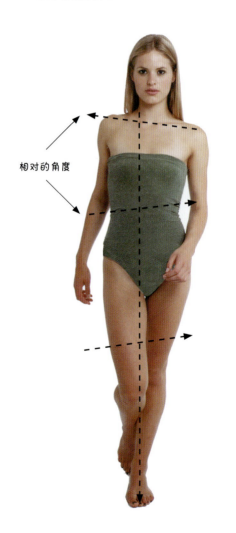

相对的角度

前中心线（C/F）

前中心线是另一条极其重要的参考线，在绘制服装效果图人体时可以帮助你找到模特准确的透视关系。从这张正面基础动势中（见模板1），我们可以看到，前中心线将人体对称地分割成两个相等的部分（图4.6）。当人体转动或改变站姿时，前中心线会随之变成人体曲线的形状，不再对称地分割身体，呈现不对称的透视关系（图4.12）。

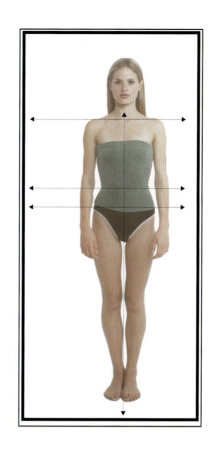

图4.6（重复前图）　在这张正面基础动势图中，前中心线将人体对称地分割成两个相等部分。

图4.12　当人体转动或改变站姿时，前中心线随之变成人体曲线的形状，呈现不对称的透视关系。

服装人体动态

大多数服装的设计点都集中在正面，因此服装效果图较为理想的姿态也是正面或微侧面（图 4.13 ～ 图 4.19）。除非特殊要求，否则一般不会选择正侧与正背面的角度。婚礼服与晚礼服的设计点通常集中在背部，因此需要根据设计的服装类别来选择合适的人体动态。

第 13 页的人体动态表展现了很多标准的动态与人体轮廓，可以从这个表开始进行服装效果图的训练。在这个表格中，可以通过改变手臂、腿部和头部的位置，获得更多的动态选择，还可以通过水平镜像翻转的方式获得更多样的动势。

练习 3：

图 4.13 ～ 图 4.22 是效果图中最常用的人体动态姿态。用椭圆形和三角形迅速将人体大致轮廓画出来——不必画出完美的造型，只需简单的线条抓住动势和姿态即可。

从画好的草图中选择一些作为你的人体模板，在本书的学习过程中使用（服装效果图人体动态表，模板 1 ～ 7）。给每一张画命名，放在文件夹中留存好。这些草图会在"填充人体"章节中用到。

注意：

（1）当身体转动时透视也会随之改变——组成人体的三角形与椭圆形也需要稍稍扭曲，可以参见图 4.20。

（2）通过始于颈窝点的重心线来检查人体是否平衡。

（3）检查肩线与臀线的角度（相对的角度可以帮助人体达到平衡效果）。

练习 4：

当你绘制完上述动态后，可以速写练习时装杂志上的模特。这些模特一般都会身着较为合体的服装，可以帮助你找准身体轮廓。

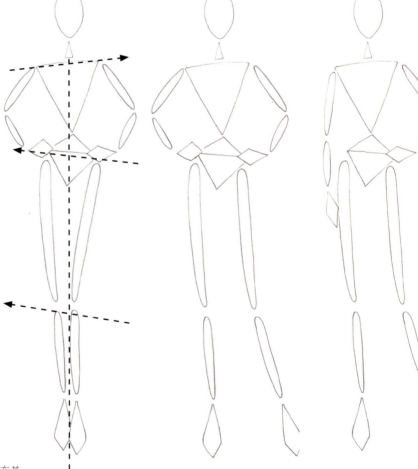

图 4.13 模板 2（人体动态表）
正前面——双手放在臀部，身体的重力微微落在其中一只脚上，还可以衍生出其他动态（钢笔图）。
注意腿部要更长一些，整体 10 头身高，参考第 13 页"服装效果图人体动态表"，我们将人体拉长至 9 头身高（铅笔图）。

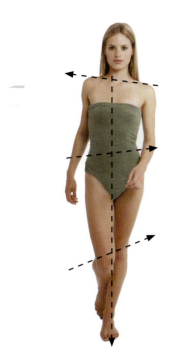
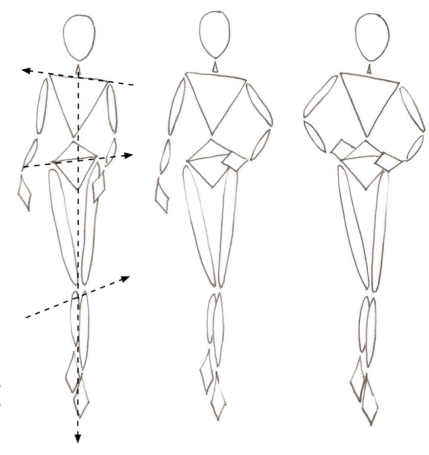

图 4.14 步行

正前面——手臂摆动,身体重力落在一只腿上,腿部与手臂在透视上缩短,走秀的标准姿势,以及由此衍生出的其他动态(铅笔图)。

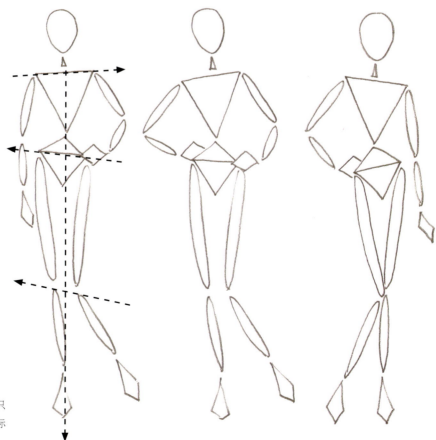

图 4.15 上臀线

正前面——身体重力完全落在承重腿上,另一只腿微曲,肩线与臀线呈相对角度,头部微侧,标准的 T 台停顿时动作以及由此衍生的其他动态。

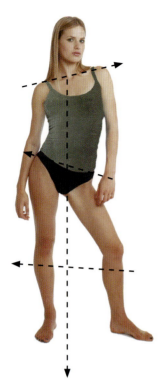
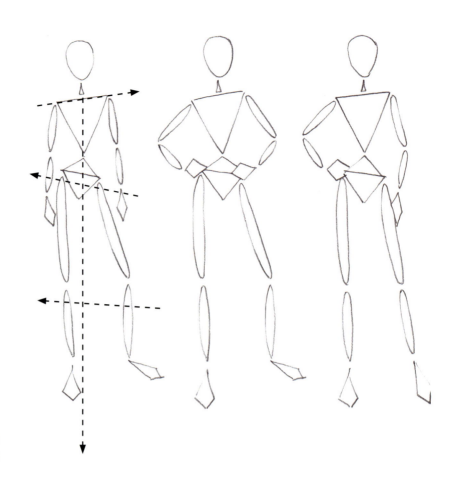

图 4.16 模板 3（人体动态表）

正前面、提臀——身体重力落在两只脚上，头部微转，姿态较为夸张，以及由此衍生出的其他服装人体动态。

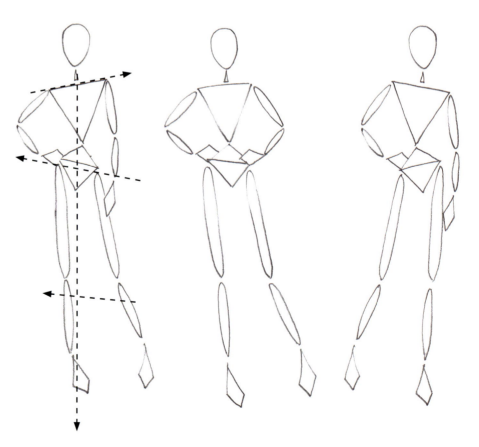

图 4.17 模板 4（人体动态表）

正前面、提臀——身体重力落在承重腿上，另一只腿向前弯曲，姿态非常可爱，以及由此衍生的其他动态。

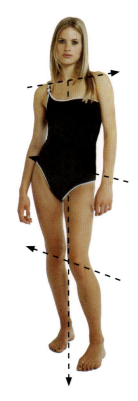

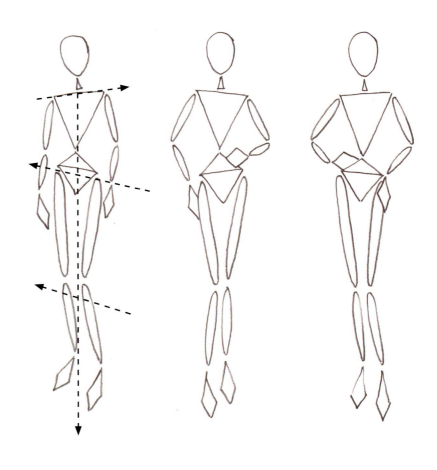

图 4.18 模板 5（人体动态表）

微转、提臀——身体重力落在两只脚上，肩线倾斜，稍显别扭的姿势，以及由此衍生的其他动态。

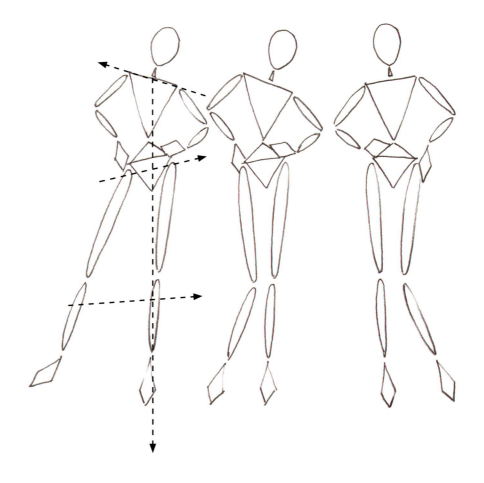

图 4.19 提臀

转身——身体的重力落在两只脚上，腿部和手臂在透视上缩短，头部微斜，与身体呈反方向转到。

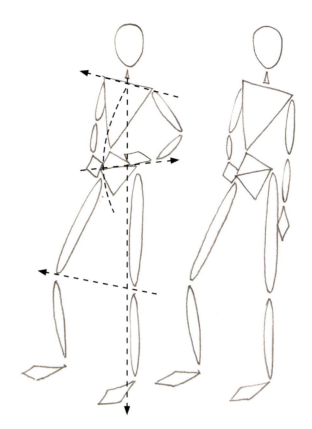

图 4.20 模板 6（人体动态表）
侧面——臀部向前，使身材更显柔美，左臂在透视上缩短，身体的重量落在承重腿上（前方），漂亮的侧面动态，以及由此衍生的其他动态。

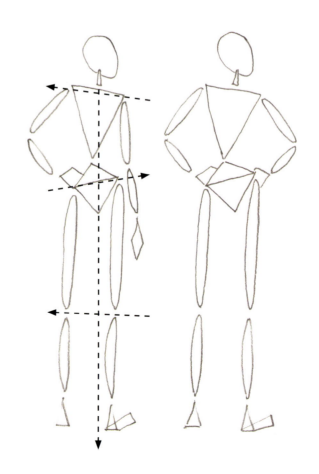

图 4.21 模板 7（人体动态表）
背面——头部呈正侧面，漂亮的不对称背面动态，及由此衍生的其他动态。

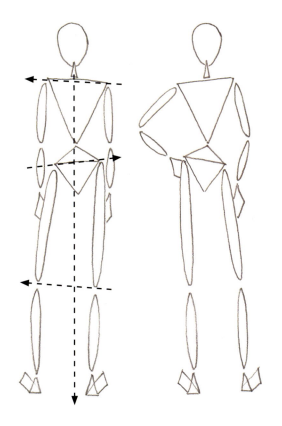

图 4.22 正背面

正背面——身体重力微微落在右脚，略微倾斜
的肩线和臀部使姿态没有那么生硬，以及由此
衍生出的其他动态。

绘画小贴士

（1）服装效果图女人体以 9 头高或更高为好；

（2）服装效果图人体需动势平衡——检查重心线（V/B）与前中心线（C/F）；

（3）肩线倾斜的提臀姿态，会让你的人体更加生动、自然；

（4）上半身的倾斜度——取决于承重腿可以承受多少身体的重量。

  这些由椭圆形与三角形构成的人体模板 1 ~ 7，构成了人体动态表的基本姿势。
在下一章的"填充人体"部分，将会讲解如何在这些基础轮廓上填充人体外形。填
充后的"人体"会为你的服装设计与展示带来更多的服装人体动态。

涂鸦与曲线（S曲线）技巧——Linda Jones

 练习5：涂鸦

这是一个轻松绘制服装效果图人体的好方法，可以为你的人体创造更多的动姿。使用软芯铅笔，如4B或6B，还有大量的草稿纸（Zeta纸）。

无需直尺或橡皮——这是一个实验性方法，可能会绘制出各种可能性。

1a. 画出大框架——确定人体的大小和比例；

1b. 在框架中心绘制一条垂直线，作为重心线；

1c. 审视重心线，从头到脚标示出人体各部分位置（可参照图4.3与4.4的9头身参考线）。

2a. 用线条尝试性地将比例关系规划出来，需要做不少练习才能将比例绘制一致；

2b. 从头顶开始，用涂鸦的方法将身体外轮廓画出来。涂鸦线条松散一点，这也需要做大量的练习。

3a. 当你感觉所画的线条比例已经准确了，可以加上手臂——记住手臂的肘关节与腰节线在同一水平线上，手长等于3/4头长；

3b. 用草图画纸将外形描摹下来（将这幅作品覆盖住，并描摹）；

4a、b、c. 只需简单地更改肩线与臀线的角度，便可创造出其他的服装人体姿态。

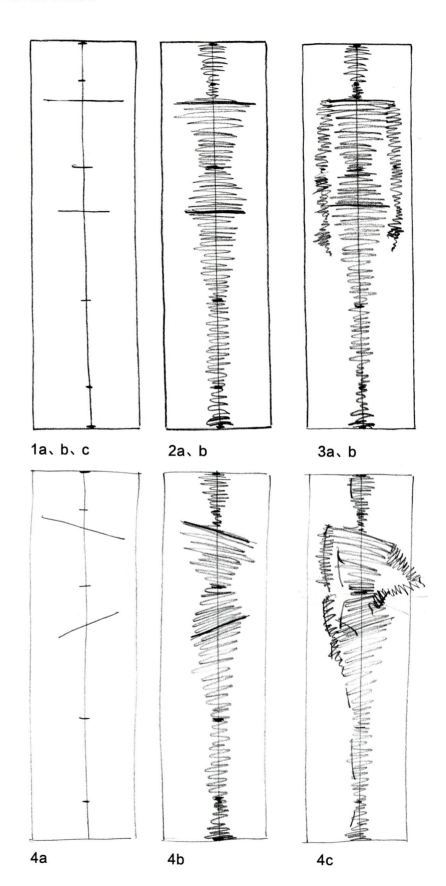

1a、b、c   2a、b   3a、b

4a   4b   4c

练习6：曲线（S曲线）技巧

可以尝试曲线的方法获得更多的人体动态，这种方法更随意，还能得到各种不同类型的动态。当全部完成后，可以看到人体中的"S"曲线。

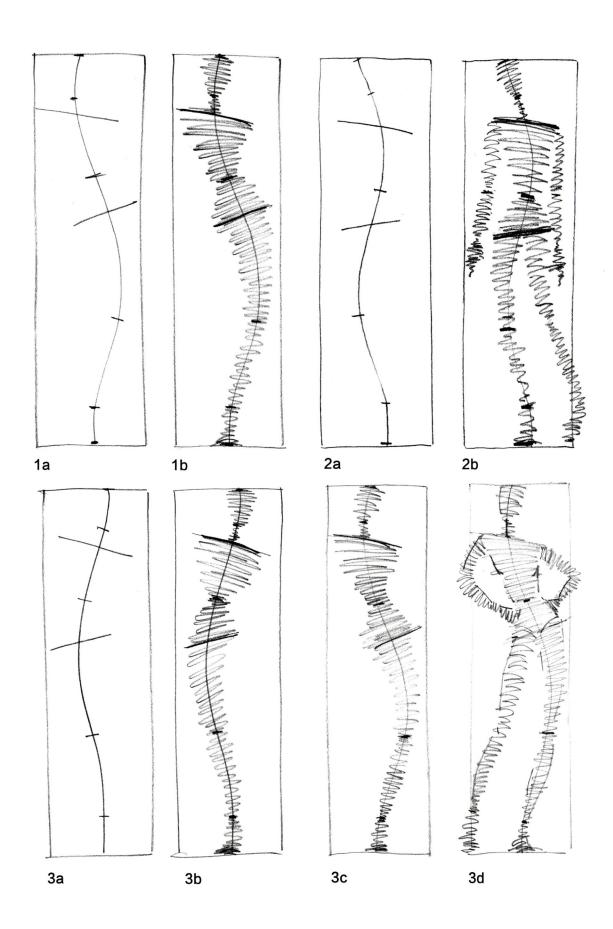

1a 1b 2a 2b

3a 3b 3c 3d

第五章

填充人体

　　服装效果图展现的是实际或夸张的着装效果，无需像人像摄影那般精确地展现每个细节。目标是抓住整体效果，去掉影响整体画面的无用细节。例如，时装设计师 John Galliano，时装画家 Jason Brooks，他们的作品线条都非常简洁、干净。

　　填充人体和完善人体，通过增添人体外造型来获得服装效果图人体或模板。接下来的练习将会指导你将上一章节学习的几何造型人体模板 1 ~ 7 进行填充。由半透明纸覆盖，作为拓印复制的参考。在学习完面部、手部和脚部章节后，填充后的模板将会在"人体模板"章节中进行更深入的拓展。

时装画作者：Jason Brooks（在 Photoshop 软件中加入了手中的玫瑰）

本章节所需画具

（1）上一章绘制的几何造型人体模板 1 ~ 7；

（2）绘画工具：2B 铅笔、勾线笔等；

（3）A3 半透明纸；

（4）作品集 / 文件夹。

11 个人体部分

服装效果图人体可分解为 11 个简单的部分或形状（图 5.1）。

练习 1：

画出这些独立的人体各组成部分，可以让你更加了解他们的造型，帮助你填充几何造型人体模板。

1 头部：蛋形；

2 颈部：圆柱体；

3 肩部：圆滑的楔形或衣架形状；

4 肩部至腰部：从腋下到腰线，呈倒梯形；

5 腰部至裆部：腰线收窄，臀围线与大腿根放宽的梯形；

6 大腿至膝盖：逐渐收细的圆柱体；

7 小腿：圆柱体，上下两端收细（注意膝盖与小腿内外侧的外形曲线）；

8 脚：细长的宝石造型，脚趾与脚踝部分有棱角；

9 上臂：逐渐收细的窄圆柱体；

10 下臂：圆柱体，上下两端收细；

11 手：包含手指接近宝石造型。

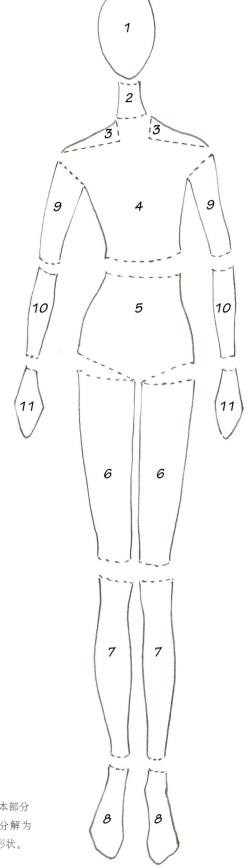

图 5.1 11 个人体基本部分
服装效果图人体可分解为
11 个简单的部分或形状。

填充模板 1

练习 2：

这个练习（图 5.2，a ~ d）演示了怎样填充基本的人体几何造型模板——模板 1（人体动态表），这个模板在"几何造型技巧"章节中已绘制好的。在填充人体的过程中，需要牢记前面所讲的人体的 11 个组成部分。

（1）用半透明纸将模板覆盖住模板 1；

（2）用勾线笔或铅笔，缓慢平滑地沿着模板 1 临摹并填充人体造型；

（3）按照从上至下，由左至右的顺序绘画，例如先画一边的肩部，完成后再画另一边。

a. 头部：重新描摹一遍蛋形，在下巴处收尖；

b. 颈部：稍有弧度的圆柱体；

c. 肩部：沿着颈部的轮廓线向下画出楔形或衣架形状，肩膀部分的线条顺滑；

d. 腰节上、下半身：从腋下（胸围线下方）至腰线，缓慢收细；从腰线至臀线和大腿根部，缓慢放宽；

e. 大腿至膝盖：从大腿到膝盖逐渐收细；大腿内侧轮廓从直线到膝盖收细；

f. 小腿：由膝盖开始，小腿外侧轮廓曲线在小腿肌肉处放宽，至脚踝处开始收细；由膝盖开始，小腿内侧轮廓曲线先收细，紧接着在小腿肌肉处放宽，最后在脚踝处收细；

g. 脚部：参照范例绘制出脚部造型；

h. 上臂：肩膀连接至肘关节、腋下连接至肘部，最后呈锥形圆柱体造型；

i. 下臂：从肘部至手腕，绘制稍有弧度的圆柱体，弧度部分代表下臂的肌肉；

j. 手部：从手腕向下，参照范例绘制出每只手部。

练习 3：

参考如下范例，在适用的情况下，用类似的方法绘制出另外几个人体（图 5.2a）（也可参照练习 4 中其他的参考线）。

注意：你需要持续不断的练习，每一次练习都会有提高，直到对你填充的人体满意为止。熟能生巧。

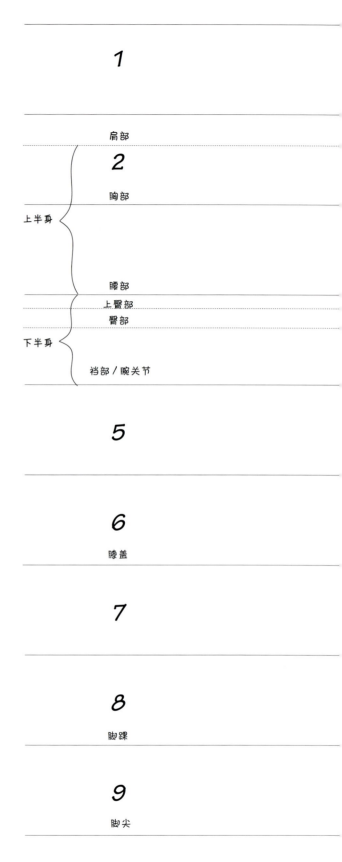

图 5.2（a ~ d）模板 1（人体动态表——由左至右）
填充后的人体，仍保留开始的几何造型，正面、正侧面、3/4 侧面与正背面。

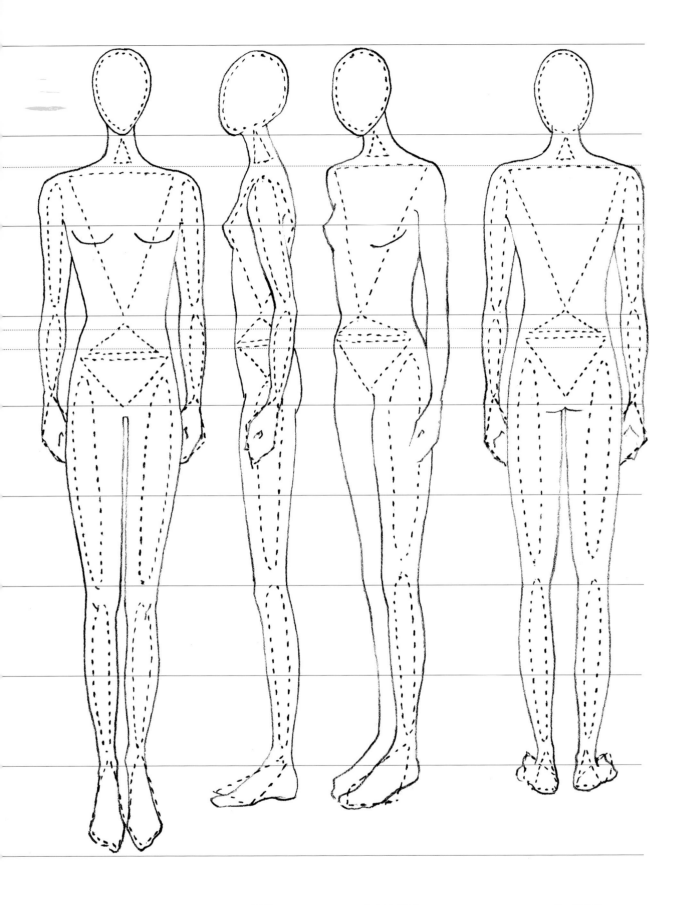

A. 正面   B. 正侧面   C.3/4 侧面   D. 正背面

填充模板 2 ~ 7

练习 4：

这部分内容演示了填充人体后的模板 2 ~ 7（图 5.3 ~ 图 5.8）。用绘制模板 1 的方法来绘制。

注意：

（1）图 5.3 ~ 图 5.8 是填充后人体的范例，内部的几何造型由虚线表示；

（2）无需与范例画得一模一样，在绘制的过程中你会找到适合自己的风格与画法；

（3）所有的线段长度与形状都符合服装效果图标准，但也无需严格遵守；

（4）根据需要，不断修改你的作品；向上、向下、向侧面移动纸张，找到合适的线条，完美的外形（让人体更修长、轮廓更漂亮），直到画出满意的人体外轮廓；

（5）在本阶段或下一阶段，你或许想将人体拉长至 10 头身或更多。

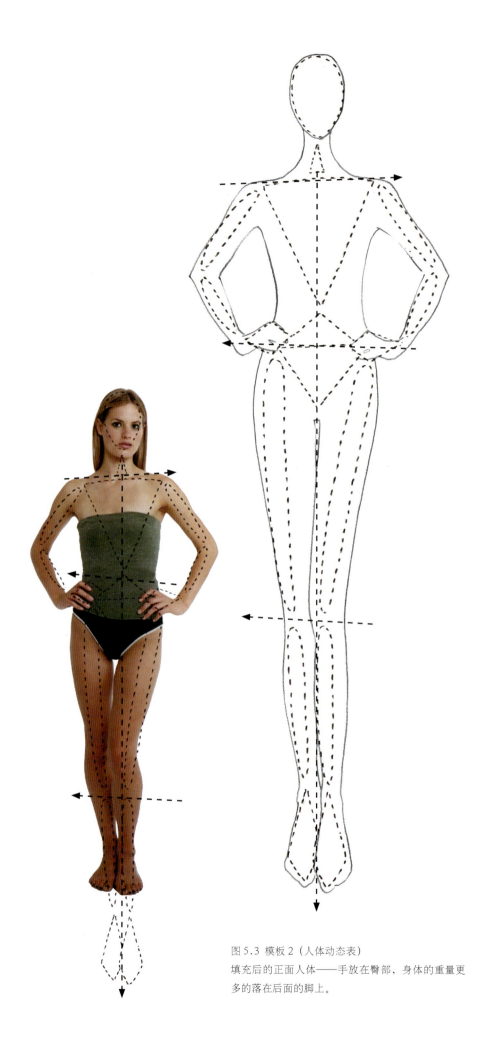

图 5.3 模板 2（人体动态表）
填充后的正面人体——手放在臀部，身体的重量更多的落在后面的脚上。

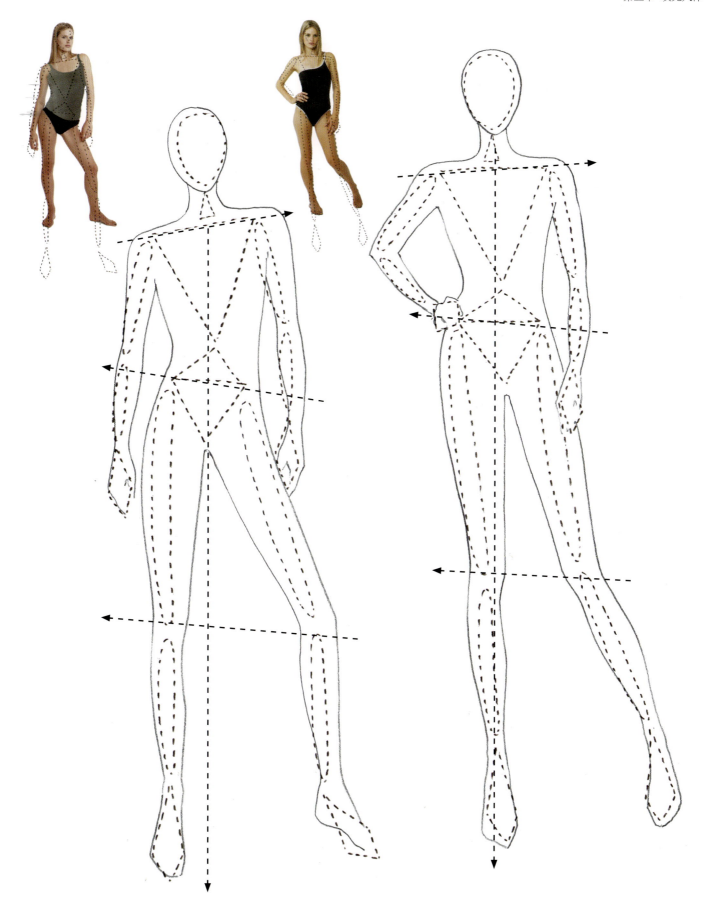

图 5.4 模板 3（人体动态表）
填充后的正面提臀姿势——身体重量平均分布
在两只脚上，头部微转使整个动态更具活力。

图 5.5 模板 4（人体动态表）
填充后的正面提臀姿势——身体重量落在承重
的腿部，保持平衡性的腿部微微弯曲，展示出
较为可爱的姿势。

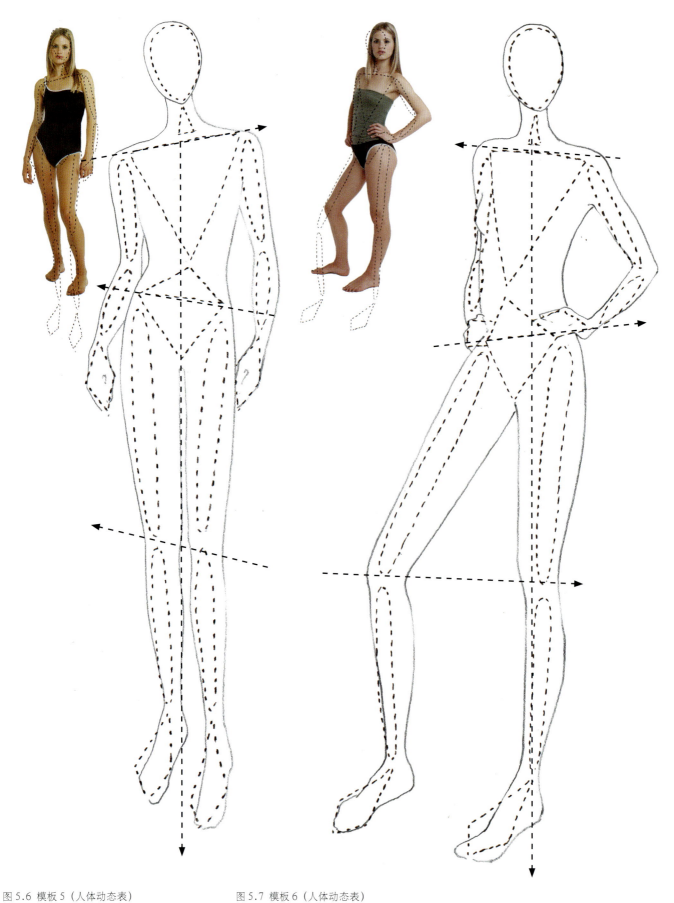

图 5.6 模板 5（人体动态表）
填充后的微转提臀姿势——身体重量落在两只
脚上，肩部倾斜。

图 5.7 模板 6（人体动态表）
填充后的侧身姿势，臀部向前转动，后面的手臂变短，身体的重量落在前面的承重腿上，较为常
用的人体动态。

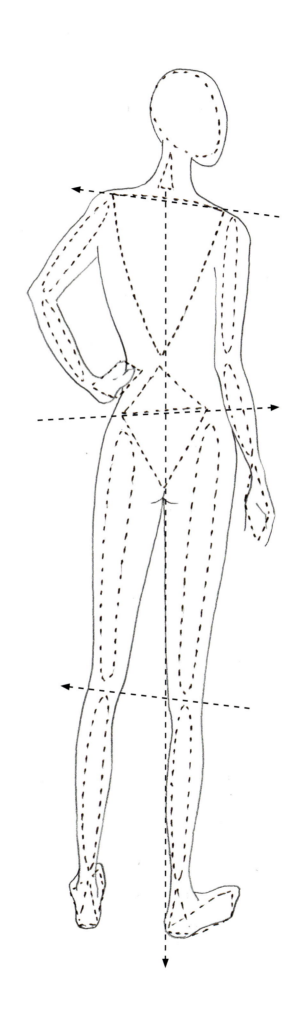

图 5.8 模板 7（人体动态表）
填充后的不对称背面，头部呈正侧面。

4. 常见的错误画法

不要害怕下笔尝试，或在绘画中犯错误，所谓失败乃成功之母（"写生"章节将会帮助你更自如地绘制人体）。

这部分内容例举了两个在服装效果图绘制时容易出现错误的范例如图5.9、图5.10所示。

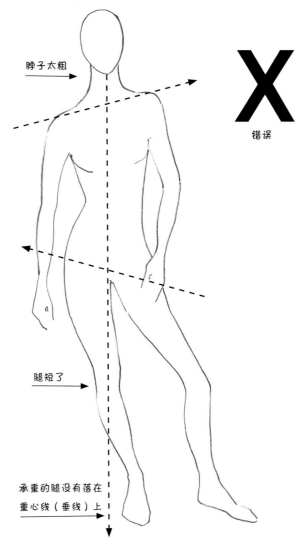

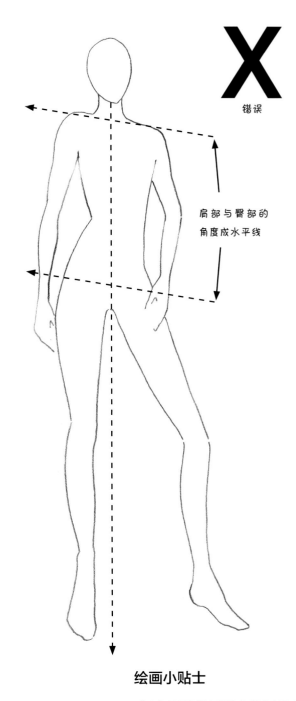

图 5.9 上图（左）
1. 偏男性化，身材更像一个拳击手——原因是颈部太粗，应修改为稍细且优雅的颈部外形；
2. 偏矮胖——原因是腿部短了，应加长腿部，这样看起来会更苗条、更有型；
注意：绝不能因为画纸空间不够而将腿部缩短，宁可将头部缩小，调整比例重新画，或者另选一张大一点的画纸。

3. 重心不稳——原因是承重的腿部没有落在重心线上（重心线由颈窝垂直至地面），应修改承重腿的位置。
图 5.10 上图（右） 姿势奇怪且站立不稳，像驼背一样——原因是肩线与臀线的角度相同，因此看起来肩部姿态僵硬，应将肩线与臀线改为相对角度。

绘画小贴士

（1）服装效果图人体最好由头部开始下笔，接着绘制其他部分——因为头部可以帮助你正确地确定人体宽度、长度和比例；

（2）根据需要不断地重画，这也可以帮助你不断提高自己的绘画水平。

在下一章节中，我们将会学习绘制面部、手和脚。等你将所学的技巧融汇贯通到模板 2~7 后，你的服装效果图人体也会更加完整和专业。

服装效果图人体范例

让我们来欣赏一下来自世界各地时装画家与时装设计师的作品。观察这些不同风格的作品，以及艺术家们怎样来刻画人体。他们对于人体的解读和对女性的表现形式来自他们夜以继日的练习——最终形成了自己的个人风格。

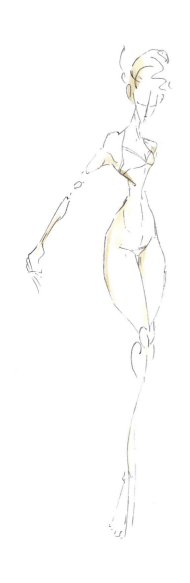

作者：Amy Elizabeth Booth，内衣设计师——人体呈现出漂亮的 S 曲线，并加以适当的夸张。
绘画工具：铅笔与水彩。

作者：Ann/Marie Kirkbride
绘画工具：铅笔画。

作者：Donica Sterling
绘画工具：铅笔刻画轮廓线（内衣）。

作者：Donica Sterling
绘画工具：钢笔，在 Photoshop 中进行着色
及特殊效果处理。

Dangerous Elegance

作者：Amy Elizabeth Booth

内衣设计师和胸衣设计师，图片来自 bespoke corsets 品牌 Violet wilde 系列（注意人体线条更优美、更夸张以突出产品）。

绘画工具：铅笔，后期用 Photoshop 编辑。

作者：Gemma Linell

绘画工具：钢笔，后期用 Photoshop 编辑，使画面整洁干净、加强人体和服装轮廓线。

第六章

面部、手部、脚部

服装效果图的目的是展示服装设计作品与穿着在身体上的效果。其中，面部与发型也在整体的服装造型中扮演了重要角色。只需几笔简单的线条，便能够表现出人物的性别、年龄、民族、形象和情绪。

刻画面部、手部、脚部可以使你的作品更具专业性。通过以简洁的线条绘制出来，既不喧宾夺主，又可以给画面增添整体感。

很多读者对于怎样画好面部、手部和脚部感到头疼，就像人体一样，你可以在这本书里学到万无一失的绘画技巧，帮助你提高绘画水平并树立自信。当你熟能生巧后，便会自然地形成自己的风格。在本章，我们会分别学习这三部分的内容，之后在下一章"人体模板"中加以应用。

时装画作者：Karen Scheetz

面部、手部、脚部

可以通过不同粗细的线条表现这些特征，一根简单的线条就能够表达出不同的表情、风格与形象特征。观察时装设计师和时装画家在用线与阴影上的技巧，这些技巧能够刻画出服装效果图的面部、手部和脚部。

服装效果图中的面部、手部和鞋子（上图由左至右）Nadeesha Godamunne（两幅作品）；Amy Elizabeth Booth；下 图 Montana Forbes（两幅作品）；Lucy Uosher。

注意：用于创造出这些时尚形象的不同线条效果已以及明暗技巧，手绘或电脑绘制。

本章节所需画具

（1）绘画工具：2B 铅笔、勾线笔等；

（2）A3 半透明纸；

（3）穿衣镜；

（4）时装杂志、网络资源；

（5）文件夹 / 资源夹。

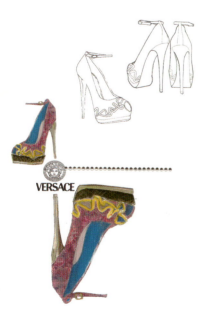

绘制面部——正面

在服装效果图中，绘制面部应该是最为惶恐的部分了——一点小小的、哪怕是位置上的失误都会毁掉整幅作品。幸好我们有一些简单易行的方法来解决这个问题，在下面的练习中，我们将一一学习。在用参考线、基本几何形状和模板绘制服装效果图人体时，头部也可以用类似的方法绘制。

下面的练习将会指导你逐步掌握这些技巧，进而用同样的方式绘制正面、半侧面与正侧面。

练习1：绘制正面头部：

首先，观察正面头部的所有对称特点（图6.1）。依照下面的讲解绘制正面头部，并参照范例逐步将左右两边的部分绘制完整。

a.头部参考线：画一个蛋形作为头部，绘制出前中心线（C/F），确定眼睛位置与嘴巴位置（眼睛位置在头部的1/2处；从眼睛至下巴的1/2处为上嘴唇边缘）；

b.眼睛： 在眼睛位置处，画一个细长的杏仁形——眼睛距离面部边缘与前中线分别为半个眼宽；

c.眼皮：在每只眼睛上方轻轻地画一条弧线；

d.眼珠：眼珠的形状类似圆形即可——如果画成正圆形，像在瞪眼睛；

e.眉毛与睫毛：

眉毛：每只眼睛的上方绘制一条曲线（根据喜好，可以长一些或丰富一些）；

睫毛：沿着上眼皮轻轻地绘制一条稍粗的线，根据喜好可以适当拉长。很少会要求仔细刻画出每一根眼睫毛，因为这样看起来会太"过"。

f.嘴巴：上嘴唇——在嘴巴位置，画一个伸展开的"M"底边嘴唇——画一个小的"m"形；

张开的嘴巴——简单省略表现即可。

g.鼻子：在嘴巴上方、前中心线的两侧，分别画两个短弧线代表鼻翼；

h.耳朵与头发：

耳朵——耳朵的上部微微高过眼睛位置，下部在鼻子与嘴巴之间；

发际线——在前中心线上大概1/6处，向耳朵方向绘制弧线。

头发：绘制头发的外轮廓线。

i.调整与塑造发型：用半透明纸盖住原稿，重新绘制去掉参考线的头部，绘制过程中要加入发型与颈部。无论发型是长是短，是弯是直，都取决于头发的外形轮廓。内部的发丝一般按股来绘制。

注意：记住，这些参考线只是帮助你快速地找到五官的合适位置，并协助你画出自己风格的面部。

例如，一些时装画家可能会将眼睛画得又大又圆，鼻孔与嘴巴的位置偏下，嘴巴画成撅嘴的模样，最后还有一个尖尖的小下巴。没有万能通用的办法，你必须找到真正适合你自己的方法与风格。

绘画小贴士

如果你希望绘制一个完全对称的面部，可以将画纸沿前中心线对折，画好一边后，将另一边镜像复制过去。

不要在面部花费过多的笔墨，因为服装效果图表现的主要是服装，并非面部，如果出现错误需要用橡皮擦拭，那么请小心，不然只能重画。

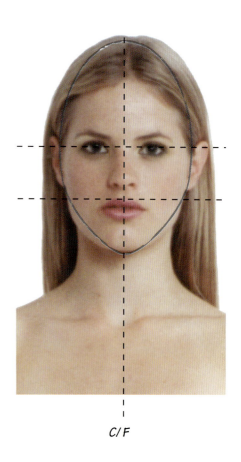

C / F

图6.1 正面

从模特的正面图可以看到，面部五官都是对称分布的。

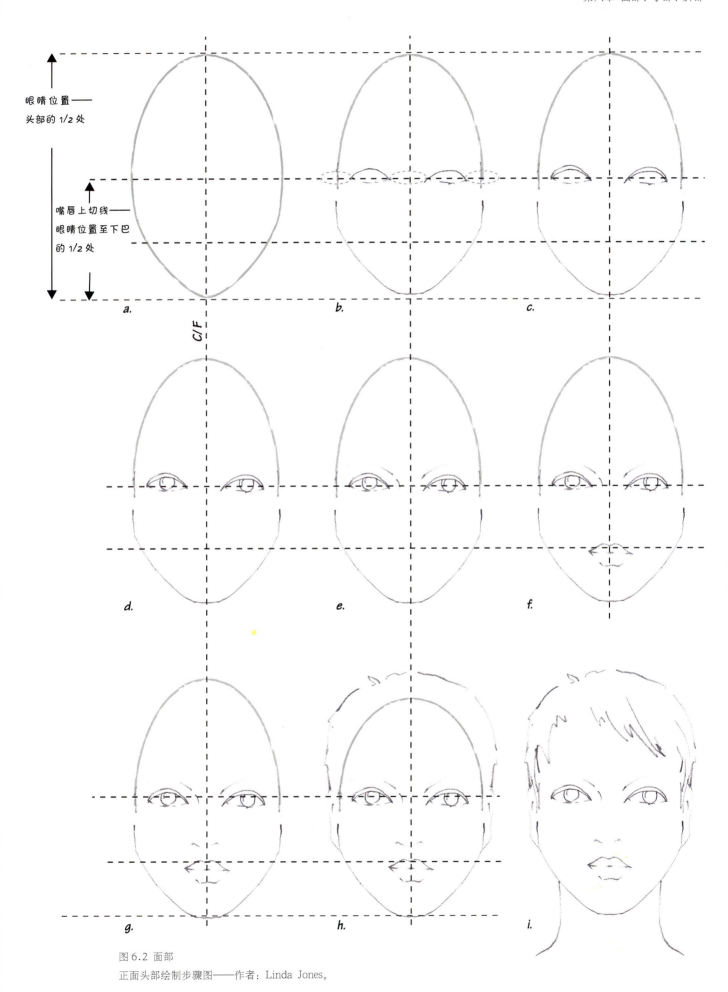

图 6.2 面部

正面头部绘制步骤图——作者：Linda Jones。

绘制面部——微侧面

头部略微转动，前中心线位置会改变、面部外轮廓线的形状也会改变，原来对称的五官也将不再对称（图6.3、图6.4）。外侧的颧骨更突出，转过去的另一半五官也相对近处的小一点。为了更好地理解这部分内容，你可以在镜子前面观察自己的面部。

练习2：绘制微侧面的头部（3/4侧面）

参照下面的说明，逐步绘制出微侧面的头部（图6.5）。

a. 头部与参考线：绘制一个蛋形作为头部，参考线与之前相同（图6.2a）；

b. 头部微转：头部转向3/4侧面位置，下巴（蛋形的尖端）移动至前中心线的另一侧；

c. 头部与前中心线：绘制一条新的前中心线；

d. 眼睛（眼皮与眼珠）：首先绘制眼睛——近大远小，离你远的那只眼睛稍窄，离你近的眼睛稍宽。两眼之间留3/4的眼宽留给鼻子，远处的眼睛与面部边缘间的距离很近；

e. 眉毛与睫毛：眉毛——每只眼睛的上方用弧线绘制出眉毛，离你远的那条眉毛要短一点。睫毛——如果你需要，可沿着上眼皮的边缘绘制一条稍粗的线，然后一直延伸超过眼尾；

f. 嘴巴：嘴唇（M形），靠外侧的应该稍短些，因为它在视线上消失；

g. 鼻子：在前中心线一侧，用轻柔的弧线绘制出鼻梁长度与鼻头形状，在另一侧用短弧线绘制出鼻翼形状；

h. 面部、发际线、颈部与耳朵：面部形状调整——从眉毛开始至眼睛，向外至颧骨，朝嘴巴和下巴方向呈弧线形；再向下至颌骨处收笔；

继续延伸至头部后面，以前中心线为基准，绘制发际线，从头顶开始约1/6头长的位置开始向耳朵绘制一条弧线。

耳朵——耳朵在眼睛位置上方开始，至嘴巴位置结束。

i. 调整与加入发型：用半透明纸盖住草稿，重新绘制没有参考线的半侧面头部，加入发型与修长、优雅的颈部。

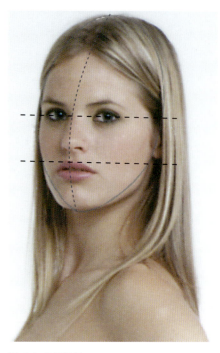

图6.3 头部微转

当模特转动头部，可以看到面部五官不再对称；注意颧骨与下颚骨的形状更加清晰。

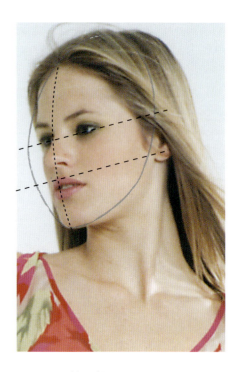

图6.4 3/4侧面透视

当模特将头部转至3/4侧面时，面部五官不再对称；下巴的形状更加清晰。

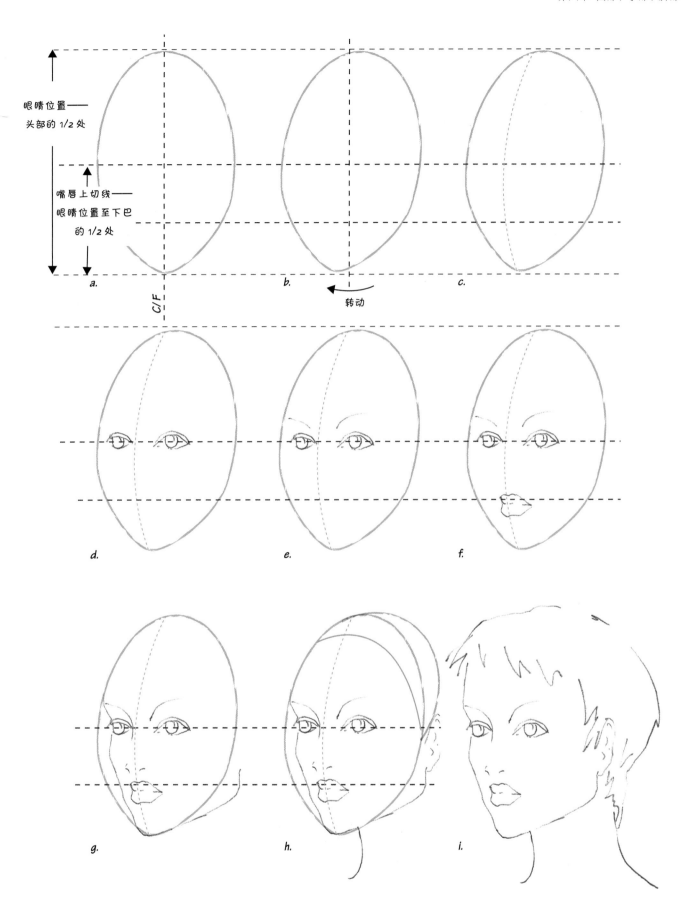

图 6.5 面部

微侧面或 3/4 侧面头部透视绘制步骤图——作者：Linda Jones。

绘制面部——正侧面

当头部转至正侧面时，头部的参考线仍保持不变，但轮廓线完全不同（图6.6）。

练习3：绘制正侧面的头部

按照下面的步骤来绘制正侧面的头部，用同样的方法镜像绘制相反的侧面（图6.7）

a. 头部与参考线：绘制一个蛋形的头部，参考前与之前相同（图6.2a）。

用三条垂直线将蛋形四等分；第一根线代表眼睛的位置，第三根线代表耳朵的位置。

b. 眼睛：绘制出眼睛、眼珠、眉毛与睫毛。

c. 鼻子：正侧面的轮廓，鼻子要画到蛋形面部之外。绘制出鼻梁、鼻尖的形状。

d. 前额、嘴与下巴：从头顶开始，绘制一条微曲的弧线，至眼睛——向内收，至鼻子——向外画直线，绘制出鼻子的侧面形状，鼻子下方——绘制微凸的嘴巴与外翘的下巴。

e. 耳朵：画出耳朵（高度介于眼睛与嘴巴之间，宽度与第三根参考线相切）。

f. 头部后面与颈部：头部后面的轮廓是头部的后重心线，需要绘制在蛋形头部之外。从头顶，向右下方绘制一条弧线，至后颈窝点；继续向下绘制后面脖子的弧线。

g. 头发：画出发际线。

h. 调整与加入发型：用半透明纸盖住草稿，重新绘制完整的头部，加入发型。

图6.6 正侧面

当模特头部转动至正侧面时，面部五官形状全都发生改变；只有一只耳朵和一只眼睛可见；前额、鼻子、下巴与下颚骨的轮廓更加清晰。

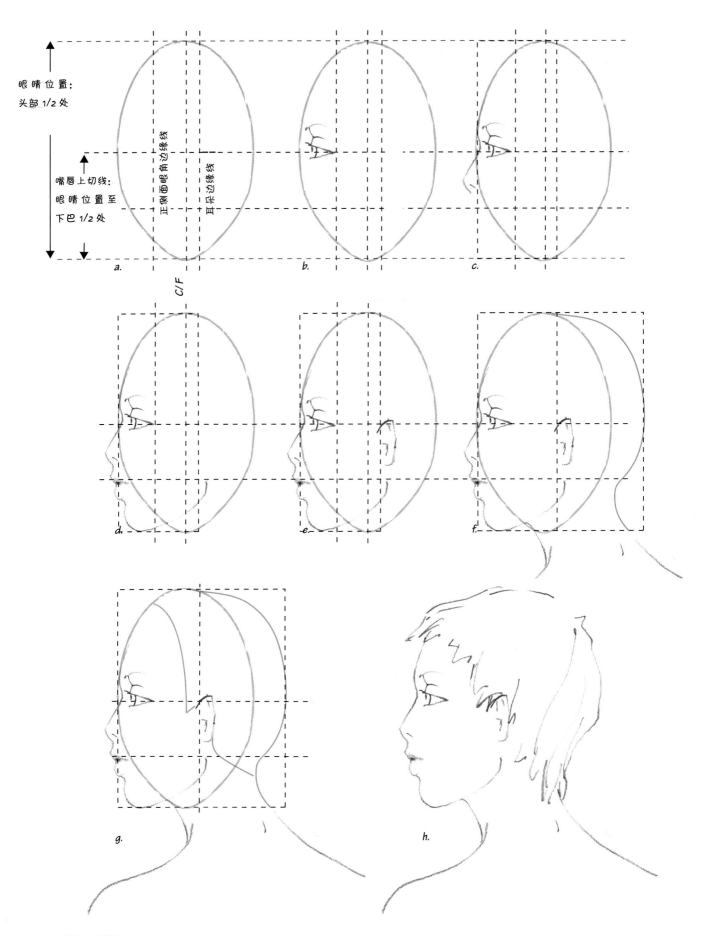

眼睛位置：
头部 1/2 处

嘴唇上切线：
眼睛位置至
下巴 1/2 处

正侧面眼角边缘线

耳朵边缘线

C/F

a.

b.

c.

d.

e.

f.

g.

h.

图 6.7 面部

正侧面头部绘制步骤图——作者：Linda Jones。

服装效果图面部范例

注意：参考不同风格的时装画家们的作品，注意他们对脸型、五官与发型，用色与阴影的处理方式。

Ellen 的人物面部更圆润与柔滑，用彩色铅笔突出效果。

Montana 的人物面部轮廓线更清晰、风格更硬朗，用勾线笔描边，在 Photoshop 中进行着色（参见我的另一本书《Fashion Computeing-Design Techniques and CAD》）。

作者：Ellen Brookes

作者：Montana Forbes

模特照片（手部）：Christian Blanken 发布会，伦敦时装周；
手部线稿作者：Linda Jones。

作者：Gemma Linnell

手部

在服装效果图中，女性的手部修长、优雅、素净。拉伸后的手部长度约为 3/4 个头长。在绘制手部的过程中，容易出现的问题是手部画得太小（参见几何造型技巧章节）。

练习 4：描摹你的手部

为了更加了解你的手部形状与柔韧性、指头、指间关节与掌骨关节，完成下面的练习。

a. 将手平放在画纸上，用勾线笔或铅笔（图 6.8a）：

· 从腕关节开始沿着你的手部开始描摹，在另一侧腕关节结束。

· 用扇形的弧线标出指间关节与掌指关节位置，这样你就知道手部的哪些位置点可进行弯曲。

b. 将手放平于纸面，伸出食指与拇指，其他的指头握在掌心。描摹你的手部（图 6.9a）。

c. 为了使之前绘制的手部更符合"服装效果图的手部"样式，需要将半透明纸覆盖于草稿上，重新描摹。在绘制时，适当地将手形拉长、收细，这样手部看起来更修长、优雅（图6.8b、6.9b）。

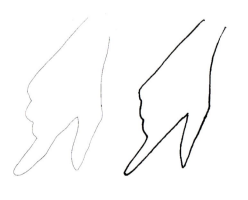

图 6.8（a 与 b） 描摹一圈你伸出的手部，重新绘制成为更加时尚优雅的手部。

图 6.9（a 与 b） 描摹一圈你的手部（食指与拇指伸出，其他指头握在掌心），重新绘制更加时尚优雅的手部。

绘制服装效果图的手部

下图展示了一些服装效果图中最流行的手部姿势。在学习过程中，你可以先从最简单的动作开始，如隐藏手部的动作——手插在裤兜里面，或者藏在身体背后。

练习 5：

参考下面的照片与范例（图 6.10～图 6.12）以及左页的图例来练习手部的绘制。

图 6.10 用几笔简单的线条将模特的手部划分成组，拇指过渡到身后，与其他四个手指分开。

图 6.11 手部插在兜里，用简单的线条绘制出拇指与手部轮廓。

图 6.12 手部自然下垂在身体两侧，用简单的线条与形状将手部轮廓与拇指绘制出来。

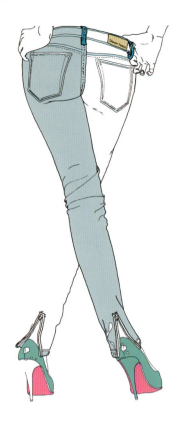

服装效果图作者：Montana Forbes
绘画工具：铅笔、钢笔，在 Photoshop 软件里编辑色彩；
脚部草图作者：Linda Jones。

脚部与鞋子

　　尽管服装效果图人物通常都会穿鞋，但学习绘制不穿鞋的赤脚能够帮助你理解脚部的造型与透视关系，同时，单独绘制鞋子也会更加容易。如同手部一样，服装效果图女性的脚部也要修长且纤细。脚部的长度约为一个头长（参见几"何造型技巧"章节）。

　　注意：鞋跟越高，正面的脚面就越长。用粗线条勾勒出正常脚部的形状，观察这些形状在调整或重新绘制后怎样变成服装效果图的脚部形状。

　　这些照片（图 6.13 ～图 6.16）展示了服装效果图中最常用的脚部站姿。

练习 6：

　　参考图 6.13 ～图 6.16 的照片与范例来练习脚部的绘制——正面、侧面、微转与背面。

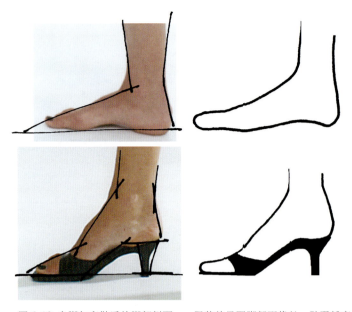

图 6.13 赤脚与穿鞋后的脚部侧面——服装效果图脚部更修长，鞋跟越高，露出的脚面越高。

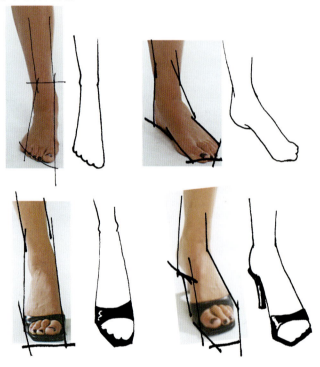

图 6.14、图 6.15 正面与微转的赤脚——服装效果图脚部更加修长与纤细；穿上鞋子后正面与微转的脚部——更加的修长与纤细，鞋跟越高，脚面就显得越长。

图 6.16 3/4 侧背面的赤脚

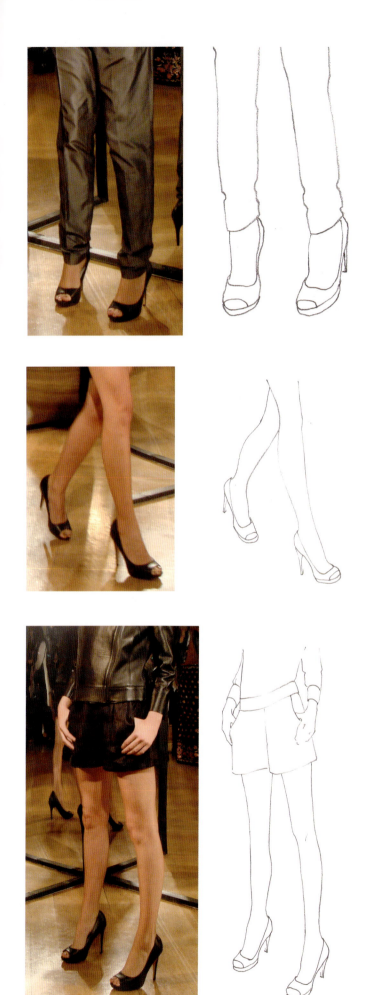

图 6.17 静止、走路与站姿
微转或 3/4 侧面的脚部透视与走路的视图。

服装效果图面部、手部与脚部范例

看一看下面来自世界各地时装设计师与时装画家们的作品。观察不同的绘画风格、绘画技巧与绘制面部、头部、手部与脚部的绘画工具。当你像这些专家们一样，牢固掌握了基本的服装效果图绘画技巧后，就能够创造出自己的绘画风格了。

作者：Stuart McKenzie
绘画工具：钢笔，后期用 Photoshop 编辑。

作者：Laura Krusemark
绘画工具：铅笔。

作者：Nadeesha Godamunne
绘画工具：钢笔、水彩、后期用 Photoshop 编辑。

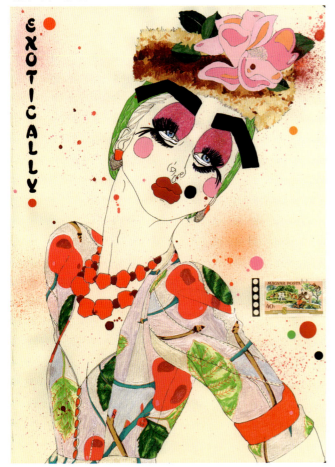

作者：Sarah Beetson
绘画工具：钢笔、丙烯颜料，后期用 Photoshop 编辑。

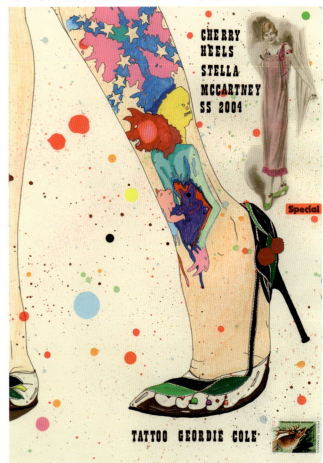

作者：Sarah Beetson
绘画工具：钢笔、丙烯颜料，后期用 Photoshop 编辑。

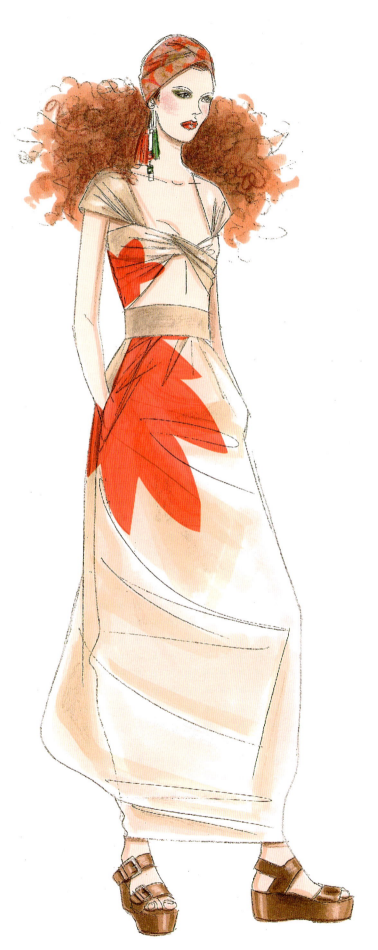

第七章

服装效果图
人体模板

　　为了使你的服装效果图人体模板专业性更强，你需要在模板上加入五官、手部与脚部，这些内容我们已在之前的"面部、手部、脚部"章节介绍过绘制技巧。在本章中，我们将会完成完整的服装效果图人体模板 2~7。在下面的"服装设计"部分内容中，你的服装效果图人体将"穿上"衣服，绘制更加深入。

服装效果图来自夏季女装流行趋势图册，由巴黎 PROMOSTYL 公司的国际流行趋势预测机构提供。

本章节所需画具

（1）"填充人体"章节中绘制完整的服装效果图人体模板 2~7；

（2）绘画工具：2B 铅笔、勾线笔等；

（3）A3 半透明纸；

（4）穿衣镜——审视自己的各种姿态，更好地理解人体平衡、动作、肩线与腰线的角度等；

（5）杂志中时装模特图片；

（6）作品集——将完成的作品收好。

服装效果图人体姿态模板：面部、手部、脚部

练习 1：

将半透明纸覆在每一张填充好的人体模板上，面部、手部与脚部加入其中，完成整个人体模板（图 7.1 ~ 图 7.6）。按照这些草图的示范，将你的服装效果图人体绘制完整，直至满意。

绘画小贴士

（1）如果使用勾线笔，则根据具体情况选择合适的笔尖粗细，例如 01 号笔尖适合刻画微小的细节，如面部；

（2）在绘制较小的人体时，要注意不能将面部刻画得过多或过重，因为这种细节会使整个面部喧宾夺主；

（3）使用半透明纸辅助重新绘制，可以轻松地修改线条、调整比例关系、修改轮廓形状。

为使人体姿态充满活力，你还需要绘制：

①手指——更加修长且纤细；

②颈部——更加修长且有一定角度；

③臀部——扭动的幅度稍大；

④收细的腰肢。

图 7.1 模板 2（人体动态表）

正前面（填充后）——双手放在臀部，身体的重力微微落在其中一只脚上。

图 7.2 模板 3（人体动态表）
正前面、提臀（填充后）——身体重力落在两
只脚上，头部微转，姿势略夸张。

图 7.3 模板 4（人体动态表）
正前面、提臀（填充后）——身体重力落在承
重腿上，另一只腿向前弯曲，姿势非常可爱。

图 7.4 模板 5（人体动态表）
微转、提臀（填充后）——身体重力落在两只
脚上，肩线倾斜，略显别扭的姿势。

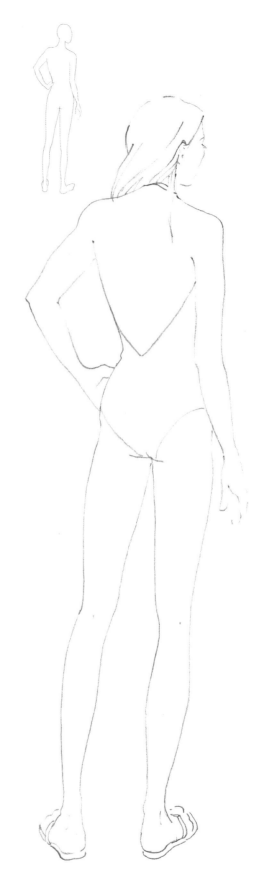

图 7.5 模板 6（人体动态表）
侧面（填充后）——臀部向前，使身材更显柔美，右手手臂
在透视上缩短，身体的重量落在承重腿上（前方），漂亮的
侧面动态。

图 7.6 模板 7（人体动态表）
背面——头部呈正侧面，漂亮的不对称背面动态。

人体模板：其他姿态

图7.7～图7.9 其他3个
姿态，由简单的线条勾勒
出（完成后的人体见下
页）。

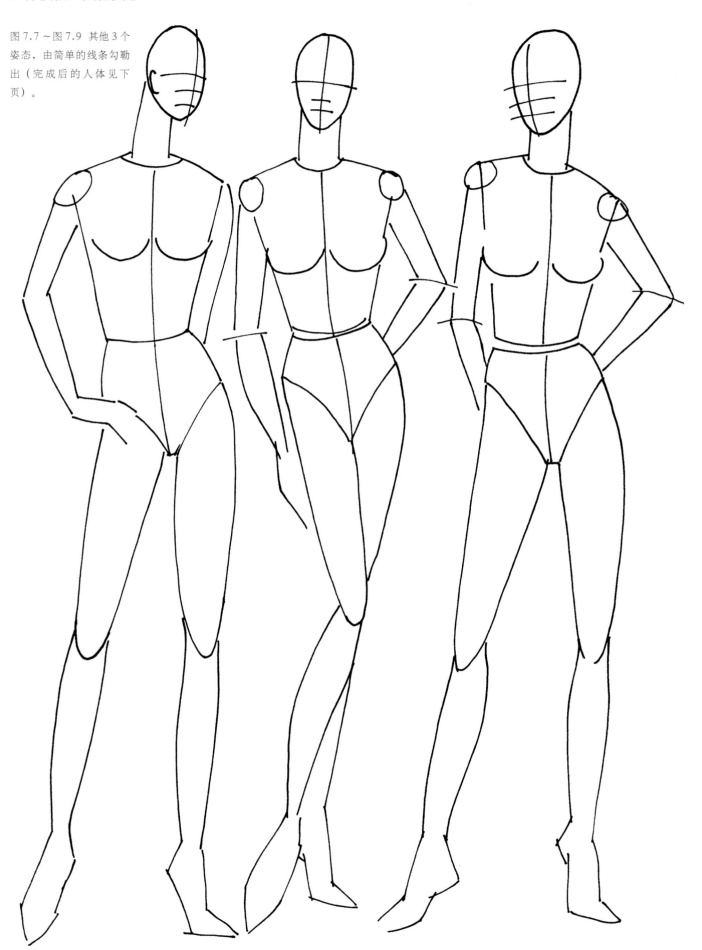

图 7.10～图 7.12 作者：
Lynnette Cook
完成后的 3 个人体姿态
（粗略图／草图在前页）。

图 7.13 ~ 图 7.15 另外 3 个姿态，由简单的
线条勾勒出（完成后的人体见下页）。

图 7.16 ～图 7.18 作者:
Lynnette Cook
完成后的另外 3 个人体姿
态(粗略图/草图在前页)。

第八章

写生

　　写生是领会身体结构与动作的最好方法；会帮助你提高绘画技巧，并让你的服装人体充满活力与生命力。"写生"这部分内容将从三维角度来介绍人体，并帮助你慢慢形成自己的风格，或写实、或夸张、或卡通、或极时尚化。当你真正理解人体的比例后，你会发现自己能画出14头身的服装效果图人体。在学习服装效果图的过程中，写生是非常必要的一环，相对于二维图片或平面的照片来说，写生可以让你更好地理解人体的轮廓、体型与动态。对照着装的真人模特，你可以更好地领会服装与面料在人体周围的堆叠与形成的褶皱。

　　写生只需短短一小时的时间，并且无论何时何地都能够绘制出你的模特（人体），这些都会对完善你的人像绘制技巧起到关键作用。不久之后，你会迅速且熟练地绘制人物，甚至模特在T台上走秀的时候也能迅速捕捉他（她）们的身影。写生非常有趣，并且具有创造性，所以快翻出那些炭条和色粉笔，找张大大的画纸，开始绘制你的人物写生作品吧！祝你画得尽兴！

时装画作者：Karen Scheetz

本章节所需画具

（1）A2尺寸的廉价纸张——会消耗很多：半透明纸、包装纸、报纸、墙纸等。在你的作品集中用质量上佳的纸；

（2）炭条或铅笔，或以下任意笔类：色粉条／铅笔、蜡笔、马克笔（粗笔尖），如用墨水则需要配合大号笔刷等；

（3）定画液——为炭笔与色粉笔准备；

（4）画架或可立起来的画板；

（5）灰褐色橡皮——提亮高光与营造效果。

工作室

你写生的地点：

（1）必须有足够的照明，清楚的观察光线如何落在模特的身上及高光与阴影；

（2）应该有足够的空间来使用大张纸（A2）；

（3）使用炭笔和色粉笔会将房间变得杂乱不堪，你可能需要用纸盖住地面或者穿着旧衣服也是个不错的建议。

最好在画架或大型画板前工作——会给你创造出一个舒服的位置来绘画。你也需要时不时后退，审视作品的整体效果。

在"本章所需画具"栏中列出的画具，可以大胆地使用，从大局出发，观察人物的整体而非细节。这部分的绘画练习并不是最终的成品，因此可以使用廉价的发胶代替定画液来固定炭笔与色粉笔的效果——发胶并不能用于最终的作品，因为它的固定性不长久，且会使作品褪色。

图8.1、图8.2（下图由左至右） 中央圣马丁艺术学院的写生课程——学生在画架前作画；可以看到学生将腿部夸张，使其成为焦点。东伦敦大学写生课程——将大号的画纸粘附于墙上，用大笔刷来绘画，鼓励学生无所顾虑地用大画笔抓住人物造型特点。

模特

服装效果图中，女性与男性通常绘制为年轻与苗条的形象；这是时装界促销服装的定式。如果你的人体模特不符合上述的"完美"标准，那也没有问题，你可以借此来练习绘制不同年龄与不同体型的人群。慢慢的，你绘制出的人体模特会越来越接近服装效果图人体。

绘制运动的人体也是很好的练习方式。如果时装记者或时装插画家正在秀场中记录最新的流行趋势，那么他们只有很短的时间来抓住 T 台上模特的动态。

开始写生的时候，或者选择裸体的模特，或者身着合体服装的模特，这样你可以准确抓住身材与体型。随着你的绘画技巧越来越熟练，能够绘制出人物不同的姿势，接下来就可以进一步绘制身着各类服装的模特。这将帮助你了解服装怎样围绕在身体周围、怎样悬垂在身体上、能出现怎样的褶皱与褶痕。如果模特身着制服、古装或者特殊服装，那对于剧装设计师来说会更加受益。

图 8.3（左图） 作者：
Amy Elizabeth Booth
绘画工具：铅笔；
用线条抓住了人体 S 形曲线
的动态、难以置信的造型与
形态。

图 8.4（右图） 作者：
Nadeesha Godamunne
绘画工具：铅笔与水彩。

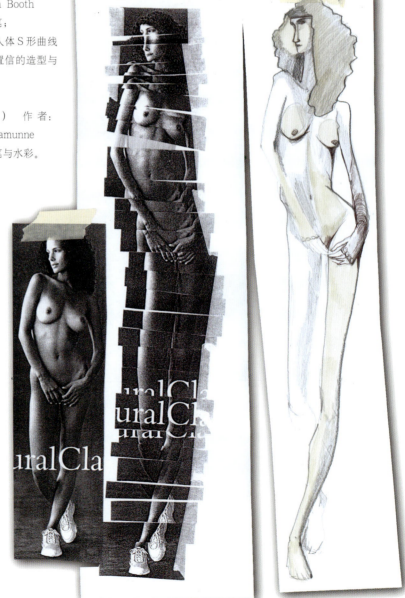

练习 1：剪切与加长

自己完成这个练习（图 8.4）。

将杂志上的裸体模特图片复制几次，并分割成条状，选择部分重新组合在一起拉长整个身体。之后用铅笔与水彩颜料描绘出来。这个练习训练了我们重组的能力——人体不同部位被拉长或夸张后，仍能保持整体性。

捕捉姿态

在"服装"写生课程中，我建议你在开始阶段，先绘制相似的人体动态，参见人体动态表（13页与下页图8.7）；之后再选择其他活动的姿态。重点放在快速捕捉动势与外形轮廓上，不一定追求复杂的细节（相比之下，传统的艺术写生课，人体模特需要30分钟至1小时都保持一个姿态，因为艺术家希望绘制出更详尽的画稿）。

练习2：一些起稿练习的建议

（1）热身运动，让模特分别摆出一系列动态，每个动作保持30秒到1分钟，时间仅够用一些基本形状绘制出大致姿态。这是一个很好的练习，让你能够迅速着眼，找到重点，而非具体细节；

（2）模特动作保持的时间增加到2分钟，这让你有足够的时间来填充人体；

（3）模特动作保持的时间再延长到5至20分钟，让你有更多的时间刻画细节——观察人物的阴影、高光，精准的线条或将线条变得柔和。

图8.5（右图） 作者：Amy Elizabeth Booth
绘画工具：铅笔；
绘制步行的模特。

图8.6（下图） 作者：Jean Oppermann
绘画工具：钢笔与墨水渲染；
在"运动中的人体"这系列草图中，每张草图花的时间为3～10分钟；液态颜料通过笔刷或钢笔表现，捕捉人体的动态与姿势，并刻画出服装围绕于人体四周所呈现出的悬垂感与褶皱。

绘画小贴士

参见"几何造型技巧"与"填充人体"章节，在写生时，使用几何造型是一个非常好的方法；如之前学习过的那样来加长腿部。迅速、简单地抓住人体动态，如果还需深入细节，可以继续完善你的写生作品。不要担心会犯错误，放松一下，当你放手大胆地表现，会感受到很多快乐，并会更加理解人体。

练习3: 绘制模特——
图8.7（a ~ e）

a. 首先分析模特动势——从头至脚，注意观察肩线、腰线与臀线的角度。

b. 用炭笔或深色的色粉条在画纸上，以头长为单位，粗略地画出参考线，辅助你明确人体比例。

c. 绘制头部 / 椭圆形；注意承重脚，由颈窝点向下绘制重心线；绘制肩线、臀线与膝关节的倾斜角度，然后用三角形、椭圆形和一些基本形状绘制大致姿态。

d. 观察你的模特，从头到脚填充人体。

注意： 无需使用覆盖纸张的方法，因为是草稿，所以只需按照参考线绘制即可。

如果过分强调或分心，画面上的线条会被手指弄脏，微调你的画面以达到你所期望的效果；无需精确地绘制每根线条。

e. 你可以把写生作品作为你的服装效果图人体模板，重新描摹、缩小，直至满意为止。

图8.7（a ~ e）模特写生

将纸 9 等分

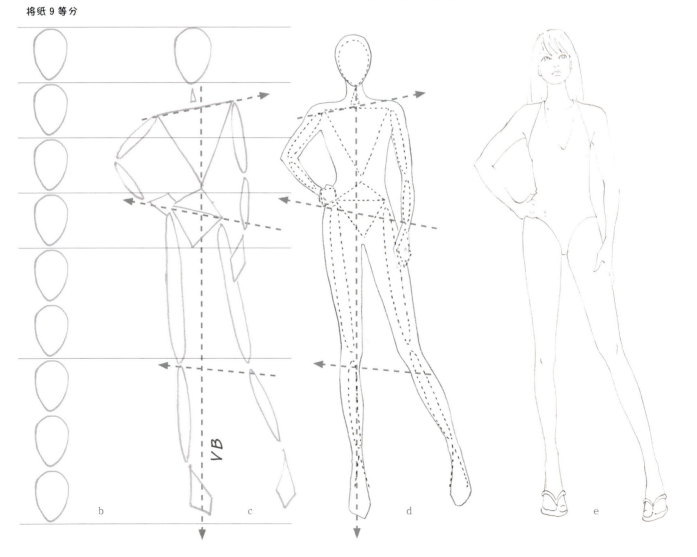

练习 4：给人体加上阴影

给写生的人体作品加入些暗色调的阴影，可以使人体更有深度、体积感与结构感，并能得到三维立体效果（图 8.8，a～c）：

a. 观察你的画稿，确认三个主要的阴影色调——暗色调、中色调与亮色调，并确定这些色调分别添加在人体的哪些位置。

色调：相对于亮色调，暗色调会显得距离更远；曲折面的内部是暗色调，而外部更接近高光的地方则选用亮色调。

b. 先开始绘制暗色调。阴影逐渐消失，色调也相应减淡。这时人物的立体感会显现出来。

你也可以用浅色的色粉笔绘制。

c. 如果需要，可以使用白色的色粉笔来绘制亮色调部分。如需要，可以再重复一遍来润色人体；注意阴影部分不要画过头——少即是好。

面部：如果还想刻画更多的细节，做少量添加，有大致的特征即可，例如，淡淡的阴影就足够了。

图 8.8（a～c）　作者：Karen Scheetz
绘画工具：炭笔绘制出柔和的光影效果；注意观察作者利用硬线、深线与软线塑造出的阴影与高光；并用铁锈色的色粉笔增加细节刻画。

创意性练习

练习 5：创意与创新

每天绘制不同的姿态并尝试不同的绘画工具，将提升你的创造力和创新思维，还能够提高你的服装画和效果图表达水平。试试这些有趣的练习：

（1）半盲草图练习：保持你的注意力集中在模特身上；从上向下绘制；只有重新定位时可以看画纸，例如从外轮廓线到前中心线绘制——不要匆忙地绘制草稿。

（2）相反的手做练习：通常你用哪只手绘画，这次换另一只手来完成。

（3）鞋油练习：手指蘸满靴子／鞋油或涂料，可以绘制出苍劲大胆的人物形象。

（4）不断线练习：使用一条连续的线绘制人体，直到人体绘制完成，线不能断（就像一气呵成削完一个苹果！）。

（5）平面炭条练习：取炭条侧面的平坦部分，绘制完整的人体。

（6）不同尺寸练习：一个人物，绘制不同的尺寸——从大到小。

（7）绘画工具与纸张：将所有的绘画工具与纸张拿到离你较远的地方。

图 8.9（上图，a、b） 作者 Anne/Marie Kirkbride
绘画工具：马克笔与蜡笔——《坐着的女孩》；
绘画工具：毡头笔、乳胶漆、丙烯颜料——《站着的女孩》。

图 8.9（右图，a～c） 作者 Nadeesha Godamunne
绘画工具：笔刷与墨水；
粗线条与飞溅的色彩抓住模特动势并展现出人体的动势，给人留下深刻印象。

图 8.10、图 8.11（上图与下图）　作者：Nadeesha Godamunne
绘画工具：综合画法——丙烯、蜡笔、铅笔、炭笔、水彩与水溶性彩色铅笔。
Nadeesha 绘制的这系列动态草图与服装人物，表现了模特不同的动势并使用了不同的绘画工具，是非常有趣并极具创造性与实验性的方法之一。由粗条与飞溅的色彩展现出画中的模特人体的动势。

上方的草图采用卡通绘画风格，下方的草图则用服装人体姿态展现出更准确的服装样式。

将写生的作品作为服装人体模板

在你完成了大量的写生练习后，你可以选择其中最适合展示你设计的人体，将其重新绘制成专属你的服装人体模板。通过覆盖方法描摹原人体、从头到脚修正人体造型、加强线条效果及完善模特最终姿态。大尺寸的草图可以利用大型复印机、扫描仪、电子照相机/Ipad（可在 Photoshop 软件中编辑等）或手动进行尺寸缩放。

服装人体写生范例

观察下面来自世界各地时装设计师与时装画家的作品。观察不同风格的时装画，描画人体的方式以及使用的不同绘画工具。对人体的理解可以让他们游刃有余地对人体或动态进行夸张，既充满活力，又不至于失真。

作者：Amy Elizabeth Booth

绘画工具：铅笔、钢笔与水溶性彩色铅笔。

作者：Nadeesha Godamunne
绘画工具：钢笔与水彩。

作者：Nadeesha Godamunne
绘画工具：水溶性色粉。

作者：Nadeesha Godamunne
绘画工具：钢笔与墨水。

作者：Nadeesha Godamunne
绘画工具：墨水、钢笔与笔触表现。

作者：Nadeesha Godamunne

绘画工具：水彩。

作者：Melika Madani

绘画工具：墨水、水溶性色粉与拼贴。

作者：Karen Scheetz

绘画工具：水彩。

作者：Karen Scheetz

绘画工具：水彩。

第九章

服装设计

一个称职的时装设计师需要掌握绘制服装设计图的技能，无论是简单的 T 恤，还是奢华的高级时装创作。

需要绘制的设计图如下：

（1）平面款式图与技术图；

（2）能够表现服装穿着于人体的设计效果图/速写。

平面款式图在生产制作的过程中也称为工艺图、技术图和说明图，是对服装款式的一个明确的设计说明。按比例绘制，显示结构线与设计线，服装公司为了促进生产、营销与零售，主要通过平面款式图，以视觉形式与设计团队、买手、客户、打板师和样衣工人进行沟通。正因如此，对你来说，更重要的能力不仅仅是画好服装效果图，而是同时能画好平面款式图。

服装效果图更适合于展示需要，华丽的绘画风格可以增强视觉效果，如市场营销、流行预测和造型设计。

本章将介绍如何利用你的时装人体模板将服装绘制成规范、技术性的平面款式图。"着装"后的人体模板将会在"面料艺术表现"章节中进行详述。

时装画作者：Nadeesha Godamunne

本章节所需画具

（1）"人体模板"章节绘制的模板 2 ~ 7；

（2）绘画工具：2B 铅笔、勾线笔等；

（3）直尺、法式曲线板（任选其一）；

（4）A3 半透明纸；

（5）A3 厚图画纸 / 你最好的纸；

（6）时尚杂志 / 资源夹 / 作品集。

规范的人体模板

练习 1：

在为服装生产绘制款式图（一定规格 / 规范性的图纸）时，行业标准的人体是正、背面都是正常比例（7 至 8 头高）。在"填充人体"章节中你填充后的人体模板 1 是理想的正、背面，但还需要用正规的人体比例重新绘制一遍（图 9.1）。注意背面的头部与脚部的形状重新进行了绘制。将新的人体命名为基础人体模板 1。

如图 9.1 演示的那样，在人体模板上绘制服装的款式线。这些款式线与人台上的贴身结构线对应，同时也与服装样板、服装款式对应。它们将帮助你为你的设计作品绘制出正确的合体度、准确的比例和细节。

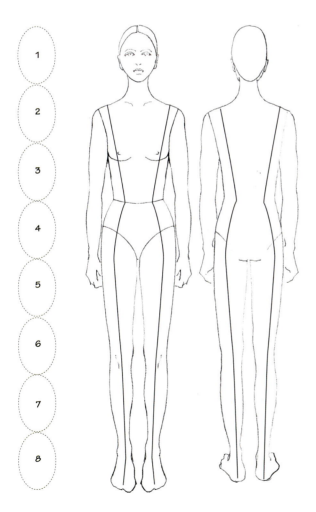

图 9.1（上图） 基础人体模板 1（生产 / 工艺图范例）

模板 1，正面与背面使用正常人体比例重新绘制。为生产需要绘制服装平面款式图模板。参见图 9.2（放大的图 9.1）并描摹或绘制你的基本人体模板。

图 9.1（右图） 人台，Mary Katrantzou 成衣系列，伦敦时装周

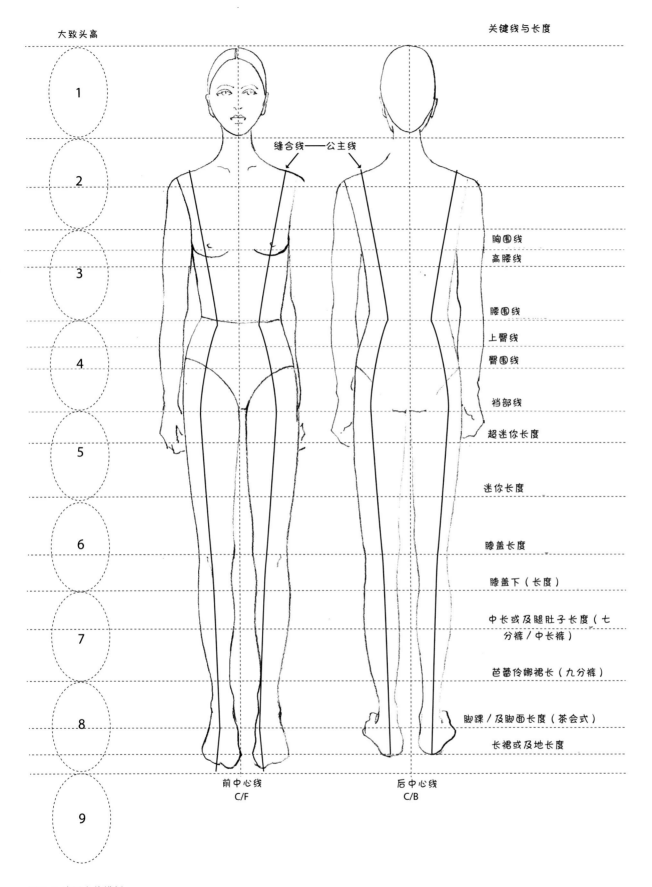

大致头高

关键线与长度

1

2

缝合线——公主线

3

胸围线
高腰线

腰围线

4

上臀线
臀围线

裆部线

超迷你长度

5

迷你长度

6

膝盖长度

膝盖下（长度）

7

中长或及腿肚子长度（七分裤／中长裤）

芭蕾伶娜裙长（九分裤）

8

脚踝／及脚面长度（茶会式）

长裙或及地长度

9

前中心线
C/F

后中心线
C/B

图9.2 速写人体模板

平均比例（7.5～8头高）的人体正面与背面。

注意：每个生产商的服装有自己特定的目标市场群，因此，他们会针对自己的顾客身材类型，开发自己的尺寸规格（技术图纸），因此行业中没有一个标准的人体模板。

平面款式图 / 工艺图

下面两个部分的内容展示了不同风格的服装款式图，它们来自不同的服装设计师和服装公司。都是由手绘与电脑软件共同绘制完成的。

这些款式图是以服装生产为目的基本款说明（工艺）图，在设计展示中也能够使用。以此为基础，可以通过更改设计线、外轮廓线和合体度来拓展你的设计。

练习2：

参考后面3页的内容，绘制它们的基础外轮廓和设计细节。用基础模板1作为你的参考人体，绘制正确比例的款式图。

当你完成这些平面图的练习后，参照你的资源夹，绘制出各式各样的平面款式图。

（1）绘制服装首先绘制外轮廓，再绘制细节。

（2）为了获得正确的比例，用从上到下的顺序绘制。

（3）手绘款式图可借助直尺与法式曲线板，能够更精确。

（4）与之前章节的绘画练习一样，用半透明纸覆盖并重新描摹，直至满意为止。

连衣裙

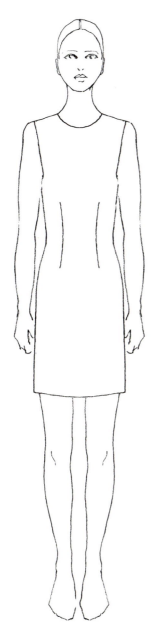

a. 紧身裙

b. 公主线连衣裙

图9.3（a、b） 以基础模板1为参考人体，绘制正确比例的连衣裙外轮廓。

a. 紧身裙通过省道获得流畅的合体效果；

b. 公主线连衣裙——正面与背面——前侧身与后侧身的缝合线使裙身更加合体并产生微喇效果，后背拉链。

上衣与短裙

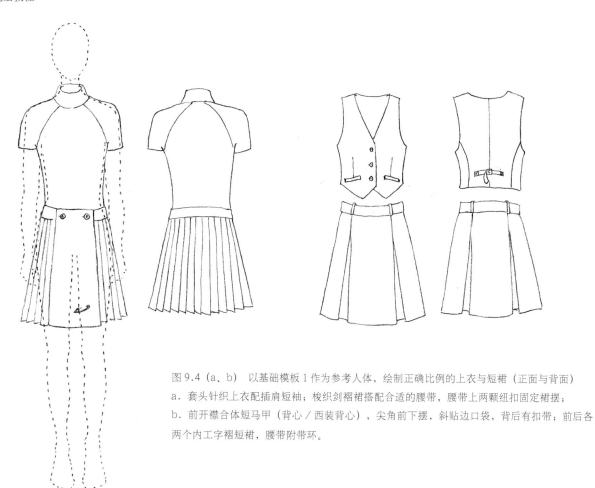

图9.4（a、b） 以基础模板1作为参考人体，绘制正确比例的上衣与短裙（正面与背面）

a．套头针织上衣配插肩短袖；梭织剑褶裙搭配合适的腰带，腰带上两颗纽扣固定裙摆；

b．前开襟合体短马甲（背心／西装背心），尖角前下摆，斜贴边口袋，背后有扣带；前后各两个内工字褶短裙，腰带附带环。

上衣、衬衫与裤子

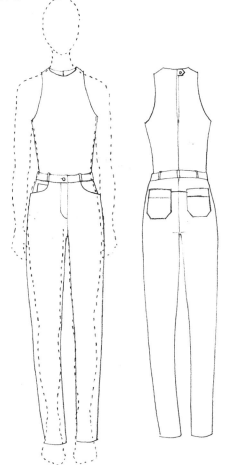

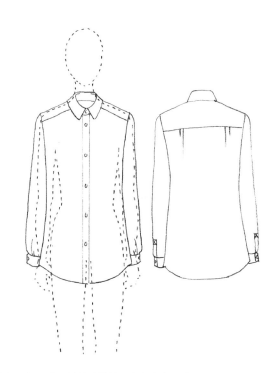

图9.5（a、b） 以基础模板1作为参考人体，绘制正确比例的紧身衣、衬衫与牛仔裤（正面与背面）。

a．无袖中领紧身衣，后领开缝由扣襻固定；搭配带约克、5个口袋的牛仔裤，后裤兜有造型感；

b．宽松长袖衬衫，肩部约克，前门襟。

茄克

绘制单排扣和双排扣茄克时，前中心线非常有用，并且是很重要的参考线；尤其在绘制驳领翻折线的角度、纽扣与扣眼的位置以及褶皱数量的时候。

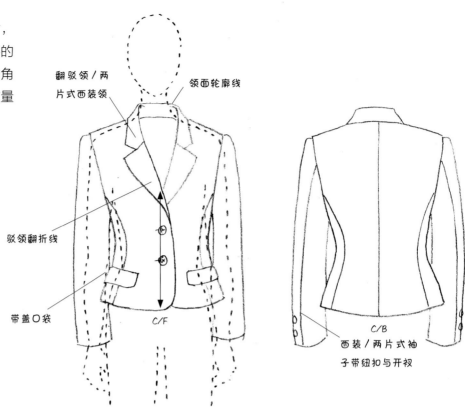

翻驳领／两片式西装领

领面轮廓线

驳领翻折线

带盖口袋

C/F

C/B

西装／两片式袖子带纽扣与开衩

图 9.6 以基础模板 1 作为参考人体，绘制正确比例的茄克（正面与背面）
单排扣精裁合体茄克，配缺角（西装）领与翻驳领，附带盖口袋。

款式图首先绘制茄克的外轮廓，之后绘制领子与翻驳领、省道，最后绘制口袋等细节。

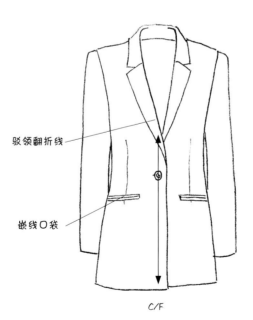

驳领翻折线

嵌线口袋

C/F

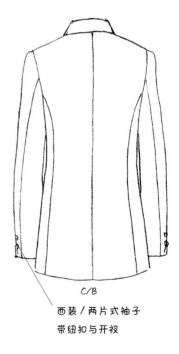

C/B

西装／两片式袖子带纽扣与开衩

图 9.7 以基础模板 1 作为参考人体，绘制正确比例的茄克（正面与背面）。
单排扣长款精裁茄克，配缺角（西装）领与翻驳领，单扣固定，嵌线口袋。

平面款式图与工艺图范例

观察下面这些设计师绘制的平面款式图与工艺图范例（也称作规范／技术图）（图9.8～图9.12）。注意这些不同风格的绘画作品与它们的展示方式。根据你的设计意图，来决定绘制何种风格、精确度的作品，如果需要还应绘制后视图。

图9.8 设计师 Cherona Blacksell 的牛仔与棉布春夏系列设计款式图先用手绘的方式画出这系列服装的款式图，之后在电脑中由 Illustrator 软件编辑完成。画风非常适合作品的设计展示。

上图：

前底摆系结无袖衬衫，前门襟系扣，后身约克配双明线细节；

5口袋裤脚磨边牛仔短裤，贴兜配铆钉装饰，侧边腰带环呈角度倾斜；

牛仔背心／马甲，袖窿磨边装饰，金属扣固定前门襟，双明线／双针细节，后身约克，纽扣装饰后身底摆。

口袋由铆钉与明线装饰细节

右页图：

牛仔茄克，金属钮扣固定前门襟，拉链贴袋，双明线细节，后身约克，纽扣装饰后身底摆；

无领短款牛仔上衣，衣片侧口袋，前门襟金属钮扣，双明线细节，后身约克与分割，纽扣装饰袖口与后身底摆；

5口袋紧身牛仔裤，双腰带环，双明线装饰，裤脚可翻折。

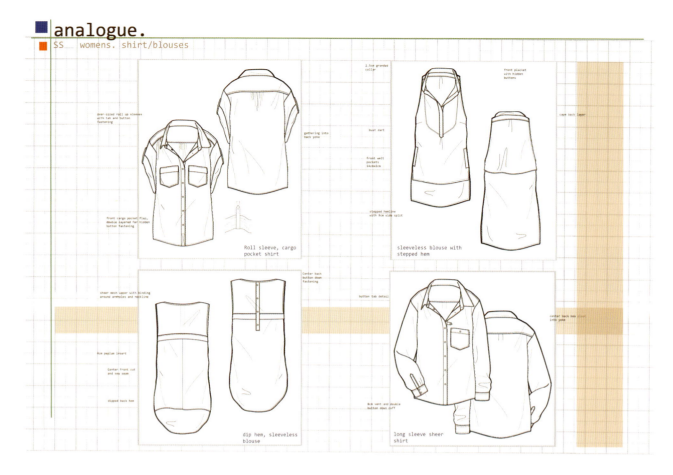

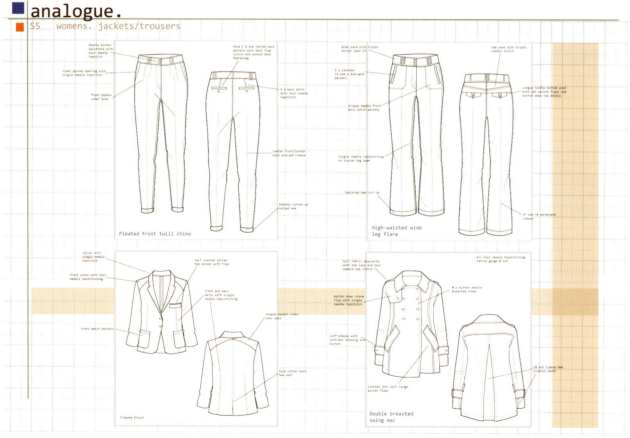

图 9.9 女装春夏系列展板，作者：服装设计师 Cherona Blacksell

由手绘与 Illustrator 软件共同完成的款式图表现服装设计系列，构图非常适合展示给设计团队、买手与市场营销人员。

注意观察款式图的排版技巧（参见"服装展示"章节中关于展示技巧与版式设计内容）。

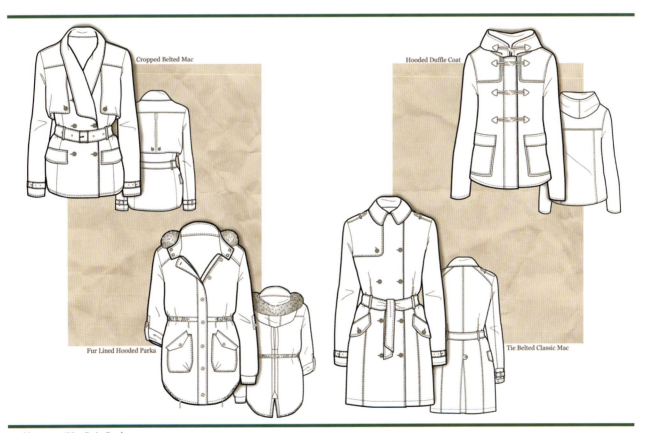

图 9.10 女装秋冬系列展板，作者：服装设计师 Cherona Blacksell
由手绘与 Illustrator 软件共同完成的款式图表现服装设计系列，构图非常适合展示给设计团队、买手与市场营销人员。
注意观察款式图的排版技巧（参见"服装展示"章节中关于展示技巧与版式设计内容）。

图 9.11 女装春夏系列展板，作者：服装设计师 Gemma Aspland
由手绘与 Photoshop 软件共同完成的款式图表现服装设计系列。
注意观察款式图的排版技巧。面料：柔软真丝与乔其纱，平纹布与印花。

着装效果图人体（人体动态表）

服装设计可能会陷入"先有鸡还是先有蛋"这个因果困境中——哪个在前？先确定面料？还是先设计款式？

通常，设计师们会先找到一个设计理念，可能是会激发设计创作的面料、某个主题或某种情绪。由这个最初的概念开始，在最终的设计产生之前，需要绘制一系列粗略的服装设计草图（参考我的另一本书《国际时装设计：流程详解》）。

在这个练习中，面料已选好（图9.13）。基于这些面料展开设计，并成为一个互有关联的胶囊系列，在此基础上也可以拓展为一个更大的设计系列。你也可以在自己的人体模板上做同样的设计训练，或者选择自有的面料与设计。

基于"野性与自然"主题选择面料，包括下面的选择：

平纹织物：

（1）绉纱、弹力绉纱、真丝雪纺、真丝薄纱，真丝欧根纱；

（2）弹力绒；

（3）绗缝防水尼龙布、光泽感面料；

（4）羊毛；

（5）黑色皮革；

（6）针织汗布（灰色）；

（7）人造皮草。

印花：

（1）花卉图案；

（2）豹纹和蛇纹。

色彩：

黑色、灰色、银色、印花（蓝色与黄色、黑色基底上印有红色与黄色）。

图 9.13 面料

为接下来的服装设计系列部分款式选择的面料，从上至下，由左至右：绉纱、真丝雪纺、针织汗布（灰色）、皮革、印花的雪纺与绉纱、豹纹印花、绗缝防水尼龙布。

练习 3：绘制着装的服装效果图人体 / 草图

人体模板 2～7 展示了一个小型的服装系列。用"服装效果图人体模板"章节中的模板 2～7（图9.14～图9.19），将这些服装复制其上，或单独绘制出来。

（1）使用覆盖描摹的方法，不断地重画，直至对人体模板和服装造型满意为止。

（2）在最好的铜版纸上描摹你的着装人体模板。注意：半透明纸是最好的描摹、草图和设计展用纸（参见"绘画工具"章节）；

（3）如果你选择的纸张不适合使用覆盖方法描摹图像，那么你需要借助笔铅描摹或灯箱描摹方法（参见"绘画工具"

章节）。

绘画小贴士

在服装效果图人体上绘制服装，你需要考虑：

（1）姿态应与服装相搭配，这样能够展示出服装的最佳效果。通常是正面视图，如果需要，也可是后视图或侧视图。

（2）把人体想象成一个衣架，服装挂在上面，会呈现衣架的形状，悬垂而下会形成皱褶。不会像纸娃娃身上的纸衣服那样扁平。如果面料比较柔软，例如丝绸、雪纺或平纹细布，将会轻柔地垂落，以流动的方式轻附于身体周围。如果服装面料比较硬挺，例如厚重的斜纹棉布、牛仔或绸缎，将会保持原有的形状，根据造型设计，可能会支在身体周围。

注意：这些效果图的某些部分采用较浅较细的线迹，表现柔和的外观。

图 9.14 模板 2（人体动态表）
无袖印花乔其纱上衣配短裙，覆盖一层真丝雪纺。

图 9.15 模板 5（人体动态表）
真丝雪纺与绉纱连衣裙。

图 9.16 模板 6（人体动态表）
印花丝质长袖衬衫；
印花弹力绒牛仔裤；
印花透明欧根纱斗篷配人造皮草领。

图 9.17 模板 4（人体动态表）
绗缝防水尼龙大衣配绗缝马甲；
豹纹印花人造皮草领套／领子；
数码丝网印花针织汗布长袖上衣；
弹力绉纱和涂层尼龙紧身裤，膝盖正上方
绗缝装饰，拉链位于裤腿内侧的脚踝处；
踝靴。

图 9.18 模板 3（人体动态表）
豹纹印花人造皮草飞行员茄克，拉链前开；
数码丝网印花针织汗布无袖上衣；
紧身羊毛裤（裤腿稍长）。

图 9.19 模板 7（人体动态表）
合体皮革连衣裙，袖口由填充物垫高，高腰身；
豹纹印花或普通人造皮草踝靴。

着装效果图人体与平面款式图范例

观察下面这些来自世界各地时装设计师的着装效果图人体与平面款式图作品。注意不同风格的绘画作品，线条的使用、粗细的变化和绘画技巧来表现服装——褶皱、接缝、口袋、领子等细节。根据你的设计理念或项目内容，将在一定程度上决定你的作品风格。

图片来自夏季女装流行趋势图册，由巴黎 PROMOSTYL 公司的国际流行趋势预测机构提供。
手绘方式绘制女装效果图，后期在电脑里通过 Photoshop 软件编辑（面料）。
观察服装的风格与绘制方法，服装在人体上的悬垂、下落和褶皱方式。

图片来自夏季女装流行趋势图册，由巴黎 PROMOSTYL 公司的国际流行趋势预测机构提供。
手绘方式绘制女装效果图，后期在电脑里通过 Photoshop 软件编辑（面料）。
观察服装的风格与绘制的方法，服装在人体上的悬垂、下落和褶皱方式。

OPULENTLY

绚丽风格的约翰·加利亚诺——作者：Sarah Beetson

Sarah 用手绘的方式画出草图并着色。她的标志性绘画风格结合了明亮的色彩与飞溅的颜料，进行艺术化的处理。

绘画工具：综合媒介、水粉、丙烯和喷漆；使用一切可以使用的元素，从手纸到色彩斑斓的纽扣和糖果。

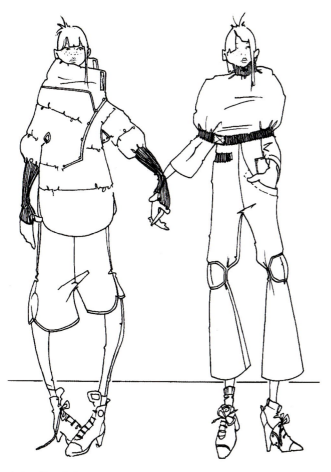

线条风格，作者：Jonathan Kyler Farmer
外套以填充的部分为特征，镶边细节与罗纹饰边。

作者：Bindi Learmont
真丝雪纺与真丝 A 型连衣裙；品牌布袋。

作者：Bindi Learmont
上衣搭配系腰带流苏裹裙，细节以串珠装饰。

作者：Lucy Upsher

自然伸展——她的服装系列展板与手绘服装效果图。

女装设计师兼时装画家 Lucy Upsher 说："我的大部分时装画作品是铅笔与面料拼贴结合完成，或在 Photoshop 软件中进行渲染印花后再融于一体。平面款式图大部分是由 CAD 软件辅助完成的，但是我也会根据不同的设计理念，采用手绘的方式绘制款式图。"

作者：Yiunam Leung

"我尝试抓住色彩的本质与概念，想象设计的整个过程并试图将其在我的服装效果图中表现出来。我的作品由手绘和电脑软件 Photoshop 共同完成。

面部在我的作品风格中非常重要。我从面部开始，并花费时间最久，可能 3~4 个小时只完成了一只眼睛，建立图层和绘制阴影。剩下的部分，我尽量通过笔刷着色保持简洁。像中国画那样。我会根据不同的服装选择不同的笔刷。当看到服装发布会的时候，我会想象用何种方式绘制出来。这很重要，很多人会依照 T 台走秀的照片来绘制服装效果图；效果可能看起来不错，但并不是原创。你看到了什么样的服装以及你用何种方式转化、表达，这非常重要。"

总结性建议

（1）绘制服装平面款式图、工艺图的能力与绘制着装人体一样重要。事实上，很多服装公司在工作中只用平面款式图和工艺图。

（2）背视图也要像正面款式图一样完美的表现，因为有时在作品展示中需要，在生产则必不可少。

在下一章节，我们将着眼于面料的艺术表现（图解或描绘）并将面料添加于着装后的人体模板 2 至模板 7。你的模板会更加完整，之后你就可以准备学习"作品展示"章节了。

第十章

面料表现技法

　　时装关乎的是时尚与创新、设计剪裁、色彩，当然，还有一个至关重要的元素，面料与辅料。绘制面料是服装效果图的另一个重要内容，能够让你的设计"活"起来。

　　如果想要获得专业标准的面料表现方式，有必要观察面料身着于人体后的悬挂性、悬垂性和面料与人体之间的空间关系。例如，精美的丝绸茄克从肩部轻柔地垂落下来，而皮制的茄克则垂落得更加坚挺；一条长绸缎裙会轻柔地附于身体四周，而薄纱裙则会清晰地展露出身材曲线。了解哪种面料质感适合哪些特定款式的服装也很重要。在服装设计阶段，需要选择合适的面料搭配服装风格，并营造理想的外观。

　　时装设计师一般会用最简单、最迅速的方式绘制出面料类型、质地、图案和色彩的整体效果。到目前为止，服装效果图人体模板基于简单的线条与形状，绘制面料也不例外。在本章节中，将会用简单的艺术表现技巧将面料添加到平面款式图和人体上，包括着装的人体模板。你的"艺术表现后"的模板将会在"作品展示"章节中使用。

时装画作者：Yiunam Leung

本章节所需画具

（1）你的着装人体模板 2 ～ 7，与前章节的画具；

（2）着色工具（根据喜好）：马克笔（皮肤／头发等部位）、色粉（如果不加水，建议水溶性色粉和定画液）、彩色铅笔（建议水溶性彩色铅笔）、水粉、丙烯、墨水等，以及笔刷；

（3）银色／白色走珠笔（在深色上面刻画轮廓、提亮高光）；

（4）胶水与双面胶，灰褐色橡皮（配合色粉使用）；

（5）面料小样、剪刀／锯齿剪刀；

（6）绘图本／文件夹／放置面料小样的塑料活页；

（7）作品集。

面料小样

面料小样是你设计资源的重要组成部分。收集的这些小尺寸面料，可以作为服装效果图的面料参照，也可以成为未来设计的灵感源。面料商店与服装面料批发商往往会从成卷的面料上剪下一些样布。理想的面料小样尺寸大致是 5 厘米 ×5 厘米。注意面料的手感并感受每片面料的质地，在绘制效果图时，可以帮助你更好地理解它们的悬垂感与褶皱形态。其他的地方，如裁缝铺、服装厂和慈善商店也能够获得面料小样。

思考这些面料类型：

（1）天然纤维面料、人造纤维面料、针织面料、梭织面料、无纺布面料；

（2）柔软的、女性化的、感性的面料——薄纱、丝绸、柔滑的手感、绸缎、蕾丝、薄纱、欧根纱

（3）羊毛、花呢、精纺织物、牛仔面料；

（4）表面图案、编制纹理；

（5）闪亮和哑光面料——绸缎、皮革和绒面效果面料；

（6）印花面料——条纹、格子花呢、格子、植物花纹、动物图案、几何图形；

（7）装饰性面料——天鹅绒，亮片，钉珠和刺绣；

（8）针织和弹力面料——平纹布、绞花组织、针织汗布。

参见我的另一本《国际时装设计：设计流程》书中"色彩与面料"章节。

将面料小样编组保存在绘图本中，或收集在对应的设计灵感旁（下图），或者：

（1）收集在面料资源文件夹中；

（2）放在小塑料袋中，按面料类型分组；

（3）固定在卡片上并保存在塑料页里（见下图）。

留意面料的相关细节，如面料的质量和纤维含量、价格和幅宽、供应商的名字。如果日后你还想购买一些面料，这个信息是非常重要的。

组图 10.1（由左至右）设计师 Judy Nell，使用她独具特色的创新性风格与贴花技术，将面料摆在人台上做出造型。在为自己的设计系列选择好面料后，她会思考面料的硬度、褶皱的方式以及面料与人体之间的空间关系，而不是把面料松散地围在人台四周。

收集起来的面料小样是设计／系列组成的一部分，来自于 Priyha Vasan。

绘画工具与面料表现技巧

练习1：

对你的绘画工具进行试验，完善你的面料表现技巧：

（1）使用相同质量的铜版纸绘制你的效果图，确认纸张与颜料彼此适合，例如，水性颜料与蜡笔不相容；厚画稿纸上如果加入太多水会起皱（或者可以用水彩纸）。马克笔与勾线笔可以有效且快速地表现面料，很多服装公司都会选择这两种工具。马克笔表现的效果平面感稍强，但可以使用混合画法增强效果，如彩色铅笔、色粉笔、颜料等。

（2）马克笔在某些纸张上会渗色；根据具体渗色情况来选择马克笔的用量，或使用马克笔专用纸来避免这种情况。

（3）绘制的方向要统一，保持线条湿润以避免出现痕迹。

（4）绘制服装时，可以使用几层色彩或稍深一点的色调来表现面料厚度、阴影、折痕和褶皱。

（5）用干净的混色笔来混合色彩、提亮或柔化边缘。

（6）利用线条的宽度（一支马克笔通常有不同粗细度的笔尖）。

色粉画笔/条（水溶性）：

（1）不同的压力会使线条呈现不同的粗细度。

（2）通过添加色彩层次来增强色调。

（3）用手指或色粉辅助工具来柔和色粉颜色。

（4）用白色或亮色的色粉营造高光和闪亮效果。

（5）用定画液辅助固定色粉，防止散落。

彩色铅笔（水溶性）：

（1）可选择干画法或湿画法——在铜版纸上绘制色彩，并用微湿的毛笔将线迹湿润。

（2）通过添加色彩层次来增强色调。

丙烯：

（1）少量水混合，能够得到不透明的色彩效果，很多水混合，能够得到水彩效果。

（2）质量好的丙烯颜料会像喷漆那样完美。

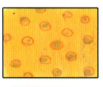

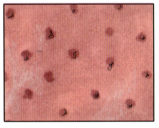
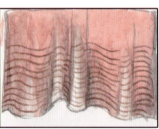
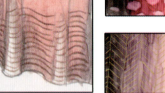

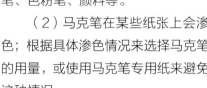
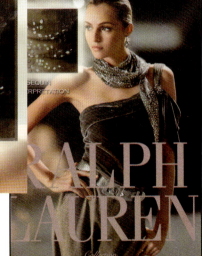

水粉：

（1）与水彩颜料相似，但含有白色元素，且不透明。

（2）添加少量的水可以获得不透明效果，反之则可以获得水彩效果。

（3）颜料干燥后的颜色稍有不同，因此下笔前应做测试。

水彩：

（1）能够营造层叠效果，深颜色最后绘制。

（2）层涂法——着色干后再涂色。

（3）湿涂法——邻近色未干时接色。

注意：

（1）暗色相比于亮色，显得距离更远，例如白色比较出挑，因此用来表现闪光。

（2）不要总是用白色的纸，试试黑色或其他颜色的纸，会得到不同的效果。

图10.2（左页图由上至下）面料表现，作者：Laura Krusemark
绘画工具：马克笔与水溶性彩色铅笔（含银色与白色）。
绘制完成的各种面料小样，从亮片薄纱、蕾丝、印花到人字格；杂志搭配面料小样表现有金属光泽与闪光性的面料。

图10.3（右图）作者：Karen Scheetz
绘画工具：炭笔与色粉。
面料：丝质欧根纱上衣配真丝雪纺半裙。

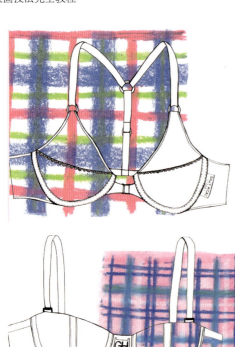

图 10.4（上图） 面料与内衣，作者：Amelia Smith

绘画工具：水彩与勾线笔。

"作为一个印花设计师，我更倾向于手绘设计印花，这样每件作品都是唯一的，都有自己的设计风格。我也会使用 Photoshop 和 Illustrator 软件来编辑我的印花作品与效果。我用我的绘画作品和不同的艺术材料来表现格子花呢和格子图案，将它们应用到内衣设计中去。"

图 10.5（左图） 爬行类动物皮革与漆皮的艺术表现，作者：Laura Krusemark

绘画工具：马克笔与混色笔。

练习2：艺术表现技巧

（1）用普通铅笔绘制面料的草图。

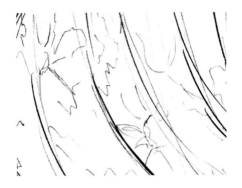

（2）用彩色铅笔绘制面料纹理。

（3）用马克笔的混色笔铺平所有色彩。

（4）用马克笔的尖头笔尖和中性笔绘制面料最终细节。

图10.6 面料艺术表现与绘制，作者：Elina Shripova
绘画工具：铅笔、彩色铅笔、马克笔混色笔、中性笔。

艺术表现模板 2~7（人体动态表）

练习 3：

像面料小样一样绘制面料样本，然后应用在你的着装效果图上，图 10.7 ~ 图 10.14。

着装效果图的面料类型有丝质欧根纱、绉纱、弹力天鹅绒、皮革及人造皮草等，同时，使整个系列在风格、面料、色彩和印花等方面协调统一（参见"服装设计"章节）。

以这些艺术表现范例为指导，用自己的风格诠释你的绘画作品。

开始的时候，绘制一些面料小样，达到以下目的：

（1）测试绘画工具；

（2）从整体上把握面料 / 设计；

（3）缩小图案的尺寸。

提示：从远处观察面料——不会显示那么多的细节，相对来说更容易表现。

当你对面料的效果感到满意，就可以在你着装的人体上进行服装面料表现了（在服装效果图上绘制的时候，自然而然地会掌握好面料的比例，以适应效果图的尺寸）。

面料艺术表现范例：

丙烯、凝胶、水彩、色粉、彩色铅笔、勾线笔，这些都已使用过；可以针对不同的效果选择不同的绘画工具。

人体着色：

（1）用肉色平涂，或添加阴影增强立体感、外形和边缘；

（2）全部着色，或留些空白区域进行无色到有色的渐变；

（3）头发、嘴巴和鞋子着色；

（4）最后，用夸张或 / 和粗线条描边，如果你愿意，可以增强和限定整体外观。

面料表现步骤：

①花朵图案——用水彩和彩色铅笔创建花朵印花。因为水彩是透明性颜料，在视觉上会较为明亮，因此最好在白色的背景上绘制花纹。之后，用黑色水彩填涂背景（你也可以使用水溶性彩色铅笔、马克笔和铅笔——不断实验，直到达到你要求的效果）。

②薄纱——真丝雪纺、欧根纱：大量的水稀释颜料绘制——浓稠的水彩会使面料看起来更加厚重。填加面料上的纹理，可用黑色和 / 或白色彩色铅笔轻柔地绘制阴影。

现在画面上只剩很少的白色背景部分，用彩色铅笔和 / 或水彩绘制花朵印花。用层涂的方式添加色彩，给面料增加厚度。

③黑色 / 填充 / 绗缝面料——用凝胶混合黑色涂料（这里使用"金"牌丙烯凝胶）给服装增添厚涂效果，并运用于整个服装上。在仍湿润的时候，刻画填充面料造型——任何细微处都可以。干燥后用白色丙烯颜料提亮高光（如果你没有软凝胶，你也可以简单地使用白色丙烯颜料）。

④豹纹——用水彩配合圆头水彩毛笔绘制豹纹斑点。用色粉（常使用"辉伯嘉"牌，因为这个品牌的色粉质量更好）与彩色铅笔绘制背景灰色。色粉将颜色混合 / 涂抹至整片区域。再选用"施德楼"牌勾线笔或类似勾线笔深入刻画豹纹斑点。

图 10.7（a ~ d） 面料表现，作者：Peter Lambe
每个练习都使用综合绘画工具。

时装人体——系列：
线稿由 Linda Jones 完成，面料表现由 Peter Lambe 完成。

图 10.8 模板 2（人体动态表）
无袖印花乔其纱上衣配短裙，覆盖一层真丝雪纺。

图 10.9 模板 5（人体动态表）
真丝雪纺与绉纱连衣裙。

图 10.10 模板 6（人体动态表）：

印花丝质长袖衬衫；

印花弹力绒牛仔裤；

印花透明欧根纱斗篷配人造皮草领；

注意：效果图的线条更亮一些，且效果更柔和。

图 10.11 模板 4（人体动态表）

绗缝防水尼龙大衣配绗缝马甲；

豹纹印花人造皮草领套／领子；

数码丝网印花针织汗布长袖上衣；

弹力绉纱和涂层尼龙紧身裤，膝盖正上方绗缝装饰，拉链位于裤腿内侧的脚踝处；

踝靴。

图 10.12 模板 3（人体动态表）
豹纹印花人造皮草飞行员茄克，拉链前开；
数码丝网印花针织汗布无袖上衣；
紧身羊毛裤（裤腿稍长）。

图 10.13 模板 7（人体动态表）
合体皮革连衣裙，袖口由填充物垫高，高腰身；
豹纹印花或普通人造皮草踝靴。

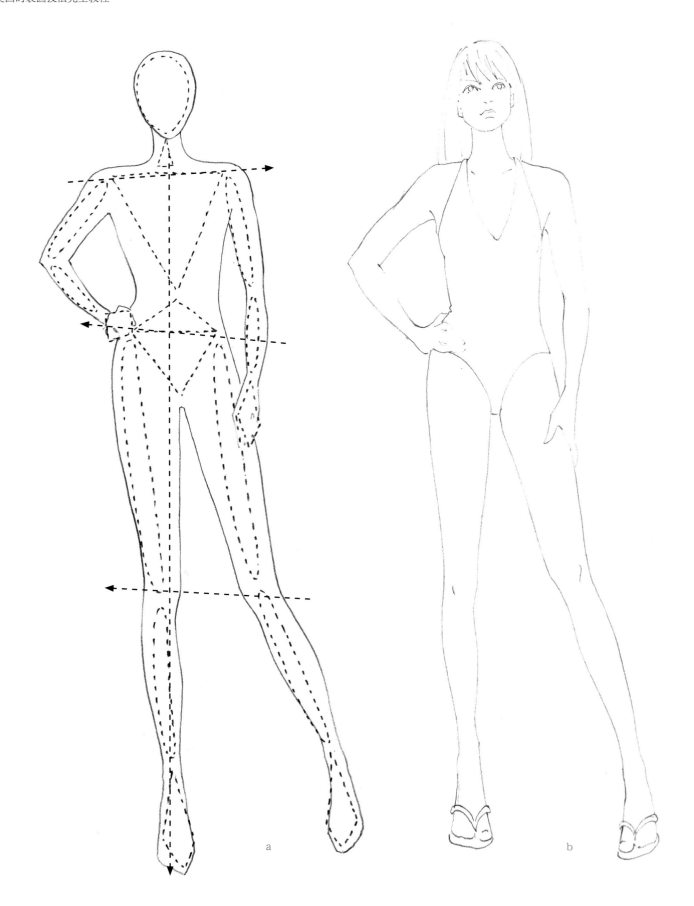

a

b

图 10.14（a～d）模板 4（人体动态表）
图中展示了从几何造型人体，到填充人体、给人体着装、增添服装面料、
添加具体人物细节的过程。每一个环节都需要不断调整，直至满意。

你可以使用半透明纸覆盖的方法，但最终稿必须画在合适的纸上，这样才
能与使用的媒介相吻合。如果你有合适的电脑软件和工具，也可以通过电
脑绘制。

c

d

时装人体——系列：

线稿由 Linda Jones 完成，面料表现由 Peter Lambe 完成。

艺术表现范例

下面的作品来自不同风格的设计师和时装画家，展现了他们的服装表现技巧。注意：

（1）面料为服装服务；

（2）面料表现的绘画工具和绘画技巧；

（3）人体姿态的使用、人体平衡力的把握、肩部与臀部的倾斜角度；

（4）手部、面部、鞋履和整体效果的刻画。

时装画的展示与所有设计元素（平面款式图、面料、色彩）都将在"作品展示"的章节中涉及。

面料表现与时装画，作者：Lucy Upsher

绘画工具：铅笔与水溶性彩色铅笔、金色铅笔。

面料：印花与素色绸缎。

注意：手绘服装效果图、阴影的使用、软硬线条的交替、人物阴影效果的绘制。

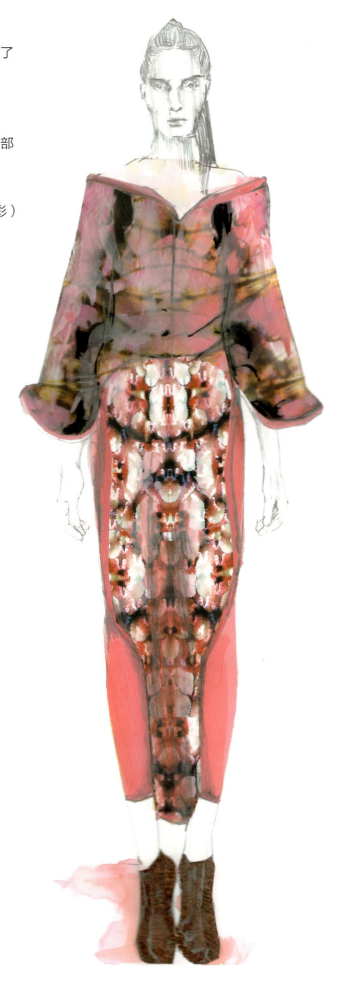

ISSEY MIYAKE

BOTTEGA VENETA

ALESSANDRO DELL' ACQUA

CLAIRE KELLER

面料表现与时装画，作者：Laura Krusemark

绘画工具：铅笔，线条有粗有细，有实有虚；

面料（从上到下，由左至右）：真丝塔夫绸、真丝乔其纱、丝毛和乔其纱；

注意：手绘服装效果图；阴影的表现、软硬线条的交替使用。

123

面料表现与时装画，作者：Kathryn Hopkins

绘画工具：铅笔、水溶性彩色铅笔；

面料：素色与绣花丝绸、真丝乔其纱与真丝雪纺；

注意：手绘服装效果图；阴影的表现、软硬线条的交替使用。

面料表现与时装画，作者：Karen Scheetz

绘画工具：水溶性彩色铅笔、蜡笔与色粉；

面料包括：丝绸与绸缎、真丝汗布与全羊毛面料；

注意：手绘服装效果图；阴影的表现、软硬线条的交替使用。

春夏时装系列，伦敦时装周，带面料效果的设计延展效果图，作者为女装设计师 Georgia Hardinge

绘画工具：勾线笔与马克笔；

面料：丝绸、真丝汗布、真丝乔其纱、刺绣与压花丝绸、素色与印花乔其纱，分别展示了伦敦与巴黎两个春夏系列（下图），一个系列以单独印花与素色面料为主，第二个系列以彩色印花、一些素色面料与点缀为主。

Georgia 所选择的面料对于她的设计系列的风格具有非常重要的意义。"我爱羊毛。甚至夏天的系列我也会用一点，这是我擅长的。羊毛是粘胶纤维羊毛毡，这种面料最适合做造型并且不会散掉……在这系列中，有几片面料从头到尾都是手工制作的……我尝试使用新的科技型面料并将新旧面料混合，但仍保证面料的现代感与可穿性……我通过火烧真丝绸缎并混合真丝之后染色来自己制作面料。我喜欢收缩和拉伸面料，这样我可以名正言顺地说我的外套全部都是由自己来完成的……每一款都切合了女性的轮廓与曲线，因为这种几何式的分割结构都是依据造型和面料的形式……复杂的褶皱与褶裥；堆积层叠使设计具有了内涵，醒目的蓝灰色和煤灰色由于大胆的红色而更加突出，增加了时尚感。

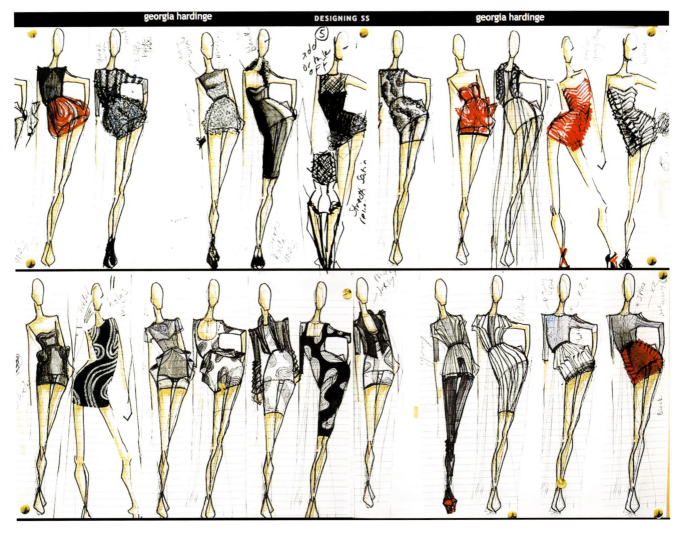

春夏时装系列，伦敦时装周，服装效果图，作者：女装设计师 GHolly Fulton

绘画工具：马克笔（服装效果图在伦敦时装周期间被打印并放大为展板）；

面料：奢华材料——印花与素色面料、装饰性面料、刺绣面料、压花面料、针织面料、汗布、棉布。

Holly 的标志性设计包括：

图形印花、奢华的材料与流行配件。

她的这个春夏系列有三个灵感源："Nicholas Krushenik、孟菲斯设计集团与约 1967 年时游船上的 Joan Collins"

"Holly 于 1999 年在爱丁堡艺术学院获得本科学位后在郎万（Lanvin）巴黎配饰部门工作，之后她创立了自己的时装品牌，并最终在伦敦时装周举办了发布会。"

Holly 也深受范思哲（VERSACE）与莫斯奇诺（MOSCHINO）品牌的影响，可以从她手绘的印花中看到一些影子，虽然耗时费力，但她却能乐享其中。

她的作品能够映衬出她是一个什么样的人——乐观主义者、快乐、有趣和充满活力。

她所敬佩的女性之一是 Jeanne Moreau，"如果我能成为一个人，那么我希望是 Jeanne Moreau……我希望打扮上一代的女性们，例如 Joan Collins 或 Angelica Huston 或一些意想不到的人……我更希望自己的作品穿在不同的女性身上，而不仅仅是我自己和模特……有一次，我在爱丁堡的慈善商店花 100 英镑淘到了一件夏奈尔（CHANEL）套装，特别合身。当我穿上它，感到自己如此富有魅力，因为人们看待我的眼神和以前也不同了，几乎都是尊敬……这正是我希望女人们穿上我的作品之后的感受。"

第十一章

作品展示

设计展板是通过创造性、动态化的形式，直观地展现设计概念的专业方法。设计概念应针对一个服装系列、一种时装氛围或某个主题、时装色彩、时装面料或时尚推广。

单看草图，会觉得呆板且索然无味，但如果在一个良好的规划布局下，所有元素都能正确有效地组合在一起，那么主题就会非常鲜明，还会取得商业成功。如同钢铁一样，一旦与其他建筑材料结合，能够变成很棒的作品，如巴黎的埃菲尔铁塔！

设计师与时装画家会用很多展示技巧来为他们的艺术作品增色。在这一章中，我们将讨论其中的一些创作方法，以填加面料后的效果图（人体动态表）组成一个微型系列作为结尾。这些展示内容可以作为设计作品集的一个部分（参见"时装作品集"章节）。

服装效果图作者：Lidwine Grosbois

本章节所需画具

（1）填加面料后的人体模板 2 ~ 7，与着装章节使用的画具；

（2）选择合适的面料小样——见下面描述；

（3）A3 或 A2 轻型卡纸（建议比展示背板用的纸稍厚一点）；

（4）美工刀 / 手术刀用来裁切卡纸；

（5）可选：拼贴物品——扣子、羽毛、珠片等。

作品展示计划

让你的作品成功展示出并精彩夺目，这点非常重要。考虑展示的目的与期望的目标。如果是时尚流行趋势或流行预测则需要特定的外观、色彩、面料；如果是时装设计，则需要一系列服装、推广用的绘画作品、该品牌广告、杂志、电影或电视节目。这取决于设计理念、目标市场和展示目的，一个标准的时装作品展示包括以下几个或全部：

（1）服装效果图和 / 或细节平面图 / 工艺图；

（2）面料小样——设计所需面料；

（3）色板——设计所需色彩，如需要还可加入色彩选项；

（4）使用的辅料；

（5）摄影作品和灵感图片。

也可参见《国际时装设计：流程详解》中设计展示和设计作品集章节，从中可以获得更多信息。

图 11.1 作者：Rachel Williams
时装情绪展板完美地表现出本系列服装的内涵（灵感与色彩）。注意，线迹的软硬穿插，还有画面中心的两个人物之间的平衡关系。

绘画工具 / 技巧：手绘人物，之后由 Illustrator 编辑，最终图形与布局在 Photoshop 中完成。

作品展示技巧与版式

这部分内容展示了各种各样的展示技巧与版式，极具专业性与创意性。

这些范例基本都用线条表现，图 1.1 推荐展示模版，应该包括这些内容：主题或标题、面料与色彩小样、服装效果图、平面款式图和设计说明。

开发一个好的设计布局需要考虑：相似元素的分组，一定程度的留白以及各个要素之间的整体和谐与平衡。

图 11.2 图片来自由 Penter Yip 创立的 Fashionary 时装设计师专用笔记本——http://fashionary.org：线条作品展示版式范例。

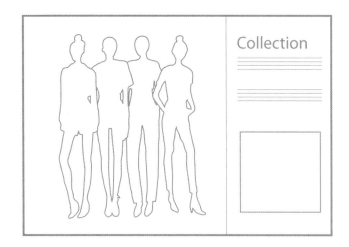
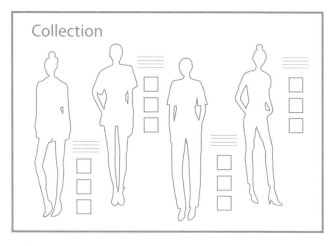
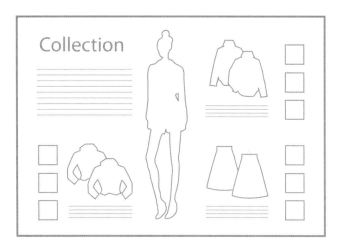
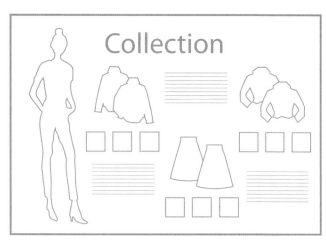
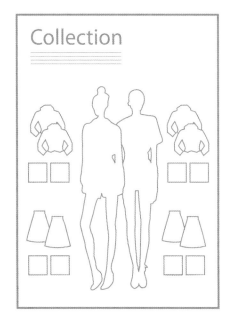
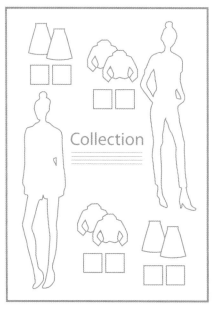
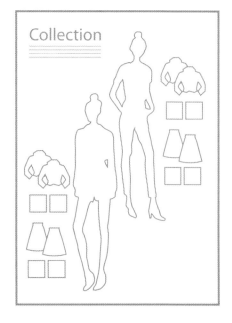

主题：作品应该有一个抓住中心、强而有力，但又简明扼要的主题。例如，以服装面料命名，中性欧根纱；或季节命名，冬日编织；或商品风格命名，重生（图 11.3）。根据你的想法，避免使用年份，因为这会让你的作品立刻产生过时感。

姿态：为你希望的整体效果选择合适的姿态，例如，为经典效果选择一个成熟感的姿态（图 11.3），为夏季的休闲效果选择散步的姿态（图 11.4）。

修剪人物：绘制的人物是全身长度么？将前景的主要人物放大并将下半身修剪掉，背景的一组次要人物整体缩小，画面效果会好很多。前提是人物下部没有重要的设计点，才可以修剪。

人物数量：作品展示或许需要一定数量的人物来表现设计或效果（图 11.1）。人物不需要等大——不同尺寸的人物可能会创造出更棒的构图。例如，前景的人物放大，画面会更有活力（图 11.3）。

固定人物、绘画作品、图片：为了防止画面主体出现漂浮感，可以加入阴影，仿佛固定于页面或者纸张上（图 11.3 ~ 图 11.6）。

图 11.3 图片来自夏季女装流行趋势图册，由巴黎 PROMOSTYL 公司的国际流行趋势预测机构提供

手绘服装效果图，后期在 Photoshop 编辑并展示。将位于中心的主体人物进行部分修剪，其他元素保持不变，在画面中创造平衡感。

图 11.4（下图）、图 11.5、图 11.6（右页图从上到下）　图片来自夏季女装流行趋势图册，由巴黎 PROMOSTYL 公司的国际流行趋势预测机构提供；

手绘完成服装效果图，后期在 Photoshop 中进行编辑；

相对于其他元素，主体人物位于画面正中，为画面制造出平衡感；

画面中的元素含有以下一些或全部的信息：主题、设计说明、平面款式图、服装面料、照片与服装效果图。

文字：展板上的文字风格应与主题匹配。例如，如果主题是复杂、时髦、有趣的，那么文本应起到补充或加强的作用。手写文字如果足够清晰，并与展示效果匹配，也可以使用。还有电脑、拼贴或转印文字的方法。

设计说明：服装设计、服装面料、色彩或许需要描述性的说明（图 11.3 ～图 11.6）

拼贴：可以用拼贴的方法给展板营造三维立体效果——任何物品都可以，摄影照片、电子图片、杂志撕页、面巾纸、透明漆膜、锡箔、羽毛、串线、沙子等等，表达你的主题与精神，还能起到画龙点睛的效果（图 11.1、图 11.3 ～图 11.9）。如果将展板内容扫描，变成电子版，平面感会更强一些，但如果底边加些阴影，则仍然会有三维立体的效果。

WOMEN

PROMO**STYL**
THE FUTURE OF YOUR CREATIONS

PARADISIO

It's time to dare!
A true decorative elegance with it's all feminine glamour, a faultless sense of proportion and length, precision between fantasy and reason, grant a bold and realistic silhouette. Color Stories are born from the frank RGB trio coloring and combination, the blue tint, warm artistic reds and exotic jungle greens, come all together in a seductive jazzy dance of extravaganza.

ÉTÉ
SUMMER

CASUAL

PROMO**STYL**
THE FUTURE OF YOUR CREATIONS

SPRING

A spring theme; youthful and feminine, but without sentiment.
Here, greenery and gardens are transposed out of their context in order to take over the prints and the fabrics that sprout up like threads and become organic.
A calm and romantic silhouette, sometimes borrowed from our grandmothers' trousseau. The range displays urban and flowery shades, which give an impression of a modern and stylish atmosphere.

ÉTÉ
SUMMER

服装面料： 准备与作品展示形式相配的面料小样，用以下任何方法都可以：

（1）将面料裁切成面料小样，为了防止布边翘起、磨损，用双面胶带黏贴到纸张上；

（2）用锯齿剪刀修剪布边——会修剪成锯齿状，可以保证布边不会磨损；

（3）用双面胶带将面料束成小捆。

纸张 / 背景： 一些展板需要彩色背景或附带一些细节（图 11.7 ~ 图 11.11）。大多数内容完整的经典展板，带有服装平面款式图和面料小样，白色背景就已足够（图 11.3 ~ 图 11.6）。

镶边： 一张照片镶在画框中能够提升效果，因此将作品展板镶边，效果也会得到很大提升（图 11.3 ~ 图 11.6）。

纵向和横向布局： 这取决于展板类型与设计元素风格（参见所有图）。当画面上只有一个到两个人物的时候，纵向布局比较合适，但也要视其他元素的具体情况而定。一些姿态比较适合横向布局；当对象被裁切或更短的时候，适合横向布局，例如男装的个别款式（茄克、衬衫、裤子等等）和儿童的服装展示（参见"男装效果图"和"童装效果图"章节）。

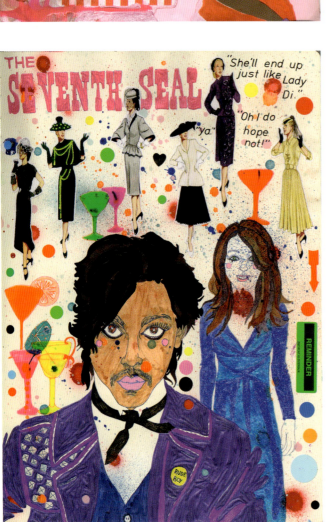

图 11.7 ～图 11.9（左页图） 作者：Sarah Beetson
采用拼贴方式的手绘服装效果图，背景详尽，少部分通过电脑软件编辑。

图 11.10（上图） 作者：Elle Hoi Ming Lau
手绘服装效果图，少部分通过 Photoshop 软件编辑。所有的元素：摄影照片、织物和服装设计都均衡排列，且与主题契合，背景为白色。

图 11.11（下图） 作者：Jonathan Kyle Farmer（Michael Kors 品牌）
通过大小渐变的人物（扭动身躯）完美地展现系列服装，商业主题通过线条描绘的城市轮廓表现出来。

电脑处理与提升展示效果

根据你的设计理念，你可以通过手工或电脑方式制作部分或全部展示细节，例如：

（1）Illustrator 或 CorelDRAW 软件是全球行业中的标准软件，可以绘制精彩的服装平面款式图与漂亮的文字。用来完成款式图、设计说明甚至所有的展示设计。

（2）Photoshop 软件也是行业中的标准软件，适合编辑图片和进行展示设计，将所有的设计元素集中到一张展板上：扫描图片、绘制款式图，等等。

（3）打印出你需要的所有图片与文字，裁剪并黏贴在手工完成的服装效果图人物／设计以及面料小样旁边。

当你的电脑技术日臻成熟，例如 Illustrator 或 CorelDRAW，还有 Photoshop，并找到真正适合你的软件（根据你的 CAD 系统等），你或许会考虑你所有的服装效果图和布局版式都由电脑来完成了。如果你需要打印大尺寸的展板，或许需要专业机构的协助。

Final line- up
for further development in toile
s t a g e.

图 11.12a（左页图）、图 11.12b、图 11.12c（下图至底）　作者：Rachel Williams
波希米亚系列主题展板与设计表现；

设计表现中的服装效果图——Illustrator 绘制后通过 Photoshop 编辑；
插入扫描的图片与来自网络的图片，提升展示效果。

Menswear

Final styles for development, over-sided shapes made up of contrasting fabrics, the soft and the hard, fur vs leather. Elegant yet contemporary silhouettes.

服装设计、作品展示与生产流程

服装设计与生产的周期由市场与流行趋势调研开始，选样料、设计并制作样衣（参见本系列丛书中的《国际时装设计：流程详解》一书中"服装与设计过程"的内容）。

这些作品来自服装设计师 Helen Burcher，在她的系列设计规划阶段：主题、色彩、灵感照片和图片，还有成排的服装效果图，其中包括她最终精选出的 10 套服装，这些服装绘制出了更精确的细节。

我们将在下一章节探讨男装与童装效果图绘制技巧，随后再探讨如何在作品集中展示设计作品和艺术作品。

图 11.13a（下图）、图 11.13b、图 11.13c（右页图从上到下）　作者：Helen Burcher
"上海"系列的设计发展过程、设计展示与主题展板；

设计展示包括效果图、平面款式图（由 Illustrator 绘制，并由 Photoshop 编辑）、扫描的面料、图片和网络图片，能够协助创建并提升你的设计效果。

SHANGHAI EXPRESS

SHANGHAI EXPRESS IS INSPIRED BY THE CARE FREE ATTITUDE OF THE EARLY 1930'S WITH STRAIGHT CUTS, DROPPED WAISTS AND PRINTS INFLUENCED BY THE GRAPHIC STYLE OF ART DECO. PHOTOGRAPHIC PRINTS BY ARTIST DAVID BALLINGER ARE SPLICED WITH TAILORING, MACRAME KNOTTING AND FLORAL PRINTS TO CREATE A FEMININE YET EDGY COLLECTION, EXPLORING THE IDEA OF GENDER MASHING.

FABRICS CONTRAST BETWEEN LEATHER, SILK AND MOHAIR AS THE COLLECTION INCORPORATES ELEGANT MENSWEAR PIECES OF THE ERA;COCO CHANEL OFTEN MANIPULATED MENSWEAR GARMENTS TO MAKE THEM INTO WOMENSWEAR.

A COLOUR PALETTE OF DEEP TEAL, ORCHID HUSH, QUARRY AND A RANGE OF GREYS IS OFFSET BY A RICH FUSHIA PINK AND NOTES OF REFRESHING ICE GREEN.

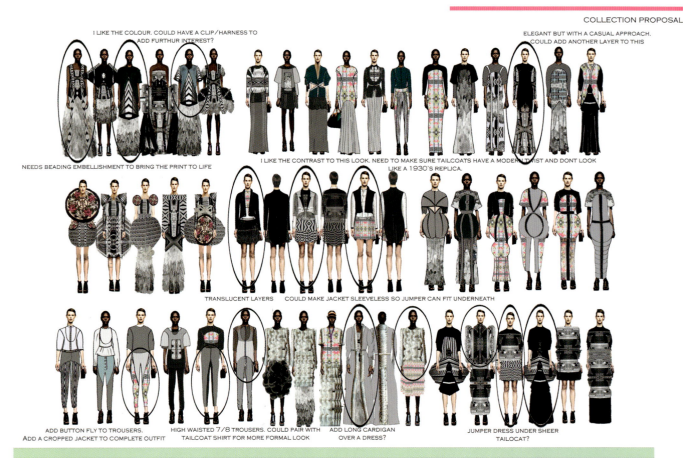

COLLECTION PROPOSAL

I LIKE THE COLOUR. COULD HAVE A CLIP/HARNESS TO ADD FURTHUR INTEREST?

ELEGANT BUT WITH A CASUAL APPROACH. COULD ADD ANOTHER LAYER TO THIS

NEEDS BEADING EMBELLISHMENT TO BRING THE PRINT TO LIFE

I LIKE THE CONTRAST TO THIS LOOK. NEED TO MAKE SURE TAILCOATS HAVE A MODERN TWIST AND DONT LOOK LIKE A 1930'S REPLICA.

TRANSLUCENT LAYERS　　COULD MAKE JACKET SLEEVELESS SO JUMPER CAN FIT UNDERNEATH

ADD BUTTON FLY TO TROUSERS. ADD A CROPPED JACKET TO COMPLETE OUTFIT

HIGH WAISTED 7/8 TROUSERS. COULD PAIR WITH TAILCOAT SHIRT FOR MORE FORMAL LOOK

ADD LONG CARDIGAN OVER A DRESS?

JUMPER DRESS UNDER SHEER TAILOCAT?

HELEN BUTCHER

SHANGHAI EXPRESS: DESIGN SELECTION

TEN OUTFIT LINE UP

HELEN BUTCHER

效果图展示（人体动态表）

图 11.14 小型设计系列展示
线稿由 Lina Jones 完成；
面料表现由 Peter Lambe 完成。

系列——由左至右：

· 无袖印花乔其纱上衣配短裙，覆盖一层真丝雪纺；

· 合体皮革连衣裙，袖口由填充物垫高，高腰身；豹纹印花或普通人造皮草踝靴；

· 真丝雪纺与绉纱连衣裙；

· 豹纹印花人造皮草飞行员茄克，拉链前开，数码丝网印花针织汗布无袖上衣，紧身羊毛裤（裤腿稍长）；

· 绗缝防水尼龙大衣配绗缝马甲，豹纹印花人造皮草领套 / 领子，数码丝网印花针织汗布长袖上衣，弹力绉纱和图层尼龙紧身裤，膝盖正上方绗缝装饰，拉链位于裤腿内侧的脚踝处，踝靴；

· 印花丝质长袖衬衫，印花弹力绒牛仔裤，印花透明欧根纱斗篷配人造皮草领。

面料——素色

· 绉纱、弹力绉纱、真丝雪纺、真丝薄纱、真丝欧根纱；

· 弹力绒；

· 绗缝防水尼龙布、光泽感面料；

· 羊毛；

· 黑色皮革；

· 针织汗布（灰色）；

· 人造皮草。

面料——印花

· 花卉图案；

· 豹纹和蛇纹。

色彩：

黑色、灰色、银色、印花（蓝色与黄色、黑色基底上印有红色与黄色）。

面料（由左至右，从上到下）——雪纺与
绡纱上的花卉图案、真丝雪纺、绡纱、绗
缝防水尼龙布、针织汗布（灰色）、豹纹
印花、皮革。

第十二章

男装效果图

在霍雷肖·纳尔逊与拿破仑·波拿巴的年代，男人和女人一样身着华丽的盛装。然而在接下来的 150 年间，女装成为时尚的先行者，男装在设计上却变得谨小慎微，更注重实用性。在 20 世纪 60 年代的嬉皮时代，佩花风潮，让男人们重新点燃了打扮自己的欲望，对于时尚的热情也变得和女性一样。进入当代更是如此，设计师，如乔治·阿玛尼、凯文·克莱恩、拉尔夫·劳伦和保罗·史密斯，都在男装界取得了不俗的佳绩，男人同女人一样渴望获得最新的时尚流行预报。先锋派设计师让·保罗·高缇耶，他的革新设计风格打破了传统，向世人展示出男人也可以成为时尚界的孔雀！

总体说来，男装的外造型在季节上区分不大；设计点也大多从色彩与面料着手。在服装业，男装设计主要由平面款式图来表现——重要的设计技巧（参见"服装设计"章节）。尽管如此，如果你选择投身男装设计，必须能够绘制男装效果图人体，这样才能展示更多的设计可能性，并在设计展示中使用。

本章节将介绍如何绘制男性、服装效果图中男性与女性的区别、男装。最后还有其他设计师和时装画家的演示范例，可供借鉴与参考。

效果图由巴黎 Promostl 公司提供，来自他们的男装趋势预测图册。

本章节所需画具

（1）绘画工具：2B 铅笔、勾线笔等；

（2）直尺、法式曲线板（二选一）；

（3）A3 半透明纸；

（4）A3 厚图稿纸／你最好的纸；

（5）时尚杂志／资源夹／作品集。

男性身材比例与外形轮廓

练习 1：绘制服装效果图男人体

你可以利用"几何造型技巧"章节中介绍的几何造型方法来绘制男人体。一个 8 头身的基础男人体就绘制出来了。当你填充人体时，要记住男人体在身材与外形轮廓上要比女性大一些。

男性拥有：

· 更强壮与更宽大的外形身躯；

· 上、下半身的曲线较少，腰部更宽厚，腰臀差较小；

· 大号身材、布满肌肉；

· 更宽广、更方的肩部；

· 更低的胸线（不要像女人体的胸部一样高而小）；

· 手臂与腿部厚实、强健；

· 宽大的手部（不是优雅的）；

· 方形的面部与粗壮的颈部。

图 12.1 模板 1（男性）

作者：Linda Jones

8 头身服装效果图男人体——利用"几何造型技巧"章节中介绍的几何造型方法来绘制。与女人体相比，男人体身材更高、身形更大，甚至面部与容貌也更强壮。

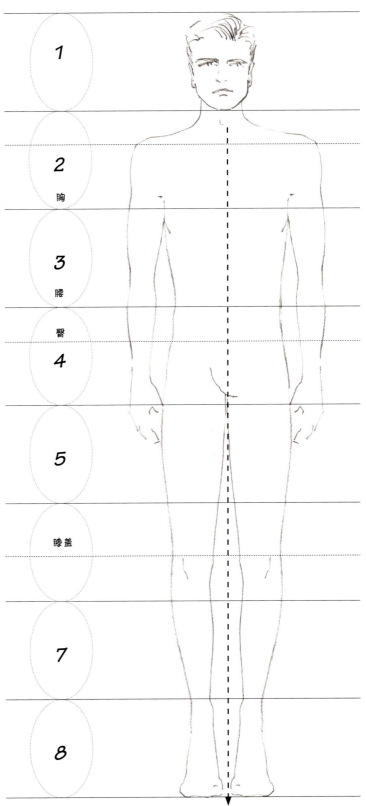

男人体 8 头身

1

2
胸

3
腰

臀
4

5

膝盖

7

8

男性的面部、手部与脚部

图 12.2 ～图 12.4 主要展示男性的面部；在本章节中也能够看到其他时装画家绘制的面部、手部与脚部作品。

男性的面部可以使用和女性一样的方法进行绘制，但容貌特点相对来说要粗犷一些：

· 更方、更宽大和轮廓更鲜明的前额；

· 细长的双眼，眼皮稍窄——女性会通过化妆增大她们的双眼。

· 更粗、更深与更低的眉毛；

· 更挺拔的鼻子——用坚挺的线条表现；

· 唇部稍窄，嘴唇边缘不明显；

· 清晰的耳朵；

· 更浓密与更高的发际线；

· 人物线条更粗犷，成熟的外表——每一根线都有可能让你的人物年老 10 岁。

相对于女性，男性的手部（参见下面的服装效果图范例）：

· 更结实与更宽大；

· 手指更粗壮；

· 整体轮廓更方正一些。

相对于女性，男性的脚部与鞋子（参见下面的服装效果图范例）：

· 更长、更宽；

· 看起来较短；

· 脚踝较粗；

· 更坚固的鞋底。

图 12.2（上图）　作者：Soo Mok
绘画工具：水彩。
通过 Soo 的作品我们可以看到，相比于女性而言，男性的面部更大、轮廓更加分明。

图 12.3（中图）　作者：Yiunam Leung
绘画工具：水溶性彩色铅笔；
尽管男性的面部较女性更坚毅，但可以通过绘画工具使面部充满柔和感。布满刺青的手臂突出了男性气概。

图 12.4（右图）　作者：Sarah Beetson
绘画工具：丙烯、不同尺寸的笔刷与拼贴；
Sarah 巧妙地绘制出两张色彩斑斓的男性半身像，非常有趣有爱的方法，但又不失男性气魄。

男性常用姿态

当我们在一个画面中同时绘制女性与男性时，男性应稍高一点，人体比例应适当放大（图 12.5）。与女性的姿态相比，男性应：

· 站立姿势更挺拔，肩部与臀部的倾斜度较少；

· 脚跟承受身体重量，脚部姿态单一；

· 走路时肩部会摆动——女性通常是摆动臀部；

· 移动时会自如地摇摆双臂——女性的手臂会摆动得更加优雅；

· 肘部与身体有间距，双手微微握拳朝向腿部——女性的肘部一般与身体反向；

· 腕关节与手部并不像女性那样优雅地垂下；

· 站立时，男性的脚部经常朝外——女性的脚部一般直向或朝内。

图 12.5（右图） 图片来自年轻系列的冬季流行趋势图册，主题为"演出中的孩子们"，由巴黎 PROMOSTYL 公司的国际流行趋势预测机构提供；
服装效果图中的男性与女性相比，个子更高，身材更高大，姿态更强势。

图 12.6a、b、c（下图） 作者 Laura Krusemark
绘画工具：铅笔；
Laura 绘制了步行中的男性，注意，在本书中，所有男性的姿态都比女性更强势、更稳固。

男装

由于男性的身材骨架稍大，身着的服装也要相应调整。男装的主要不同是前门襟处，左前襟搭在右前襟上。

男装分类如下：

· 男孩服装；

· 男装；

· 运动装；

· 针织服装；

· 衬衫；

· 牛仔装；

· 长裤与短裤；

· 茄克与外套；

· 定制服装；

· 礼服；

· 内衣；

· 休闲装与沙滩装；

· 配件。

图 12.7 作者：Amy Lappin
绘画工具：铅笔与勾线笔勾勒服装效果图；
Illustrator 软件完成服装款式图；Photoshop
软件对其进行编辑与排列；文字由手写与电脑
共同完成。

Amy 用手绘的方式绘制出男士服装效果图，
对其简单地进行排列，完美地展示了甲壳虫乐
队风格的服装系列。注意，效果图底部裁切掉
了一部分以符合构图（见下方小图）。

男装效果图范例

观察下面来自世界各地时装设计师与时装画家的男装与设计展示作品。注意观察他们的不同风格、描画人体的方式以及作品展示的方法。根据设计理念与规划，在一定程度上决定了工作的方法与风格。

图 12.8（a、b）作者：Amy Lappin
绘画工具：铅笔与勾线笔，后期由 Photoshop 处理编辑；

展示了过渡季的休闲系列服装，款式以茄克与裤装为主。注意不同大小人物的排列、平衡方式及对构图的影响。

图 12.9（左图） 图片来自男装春夏流行趋势图册，由巴黎 PROMOSTYL 公司的国际流行趋势预测机构提供

绘画工具：手绘人体，后期由 Photoshop 进行编辑处理；

沙滩装——身着纯棉针织毛衣与短裤的男士。

图 12.10（下图） 图片来自男装春夏流行趋势图册，由巴黎 PROMOSTYL 公司的国际流行趋势预测机构提供

手绘效果图线稿，后期在 Photoshop 进行编辑处理；

"天堂"系列流行趋势展板，人物位于构图中央，设计灵感与设计主题围绕在周围，突出人物重点；男士身着夏威夷花色衬衫与牛仔短裤。

图 12.11（右页左图）图片来自男装春夏流行趋势图册，由巴黎 PROMOSTYL 公司的国际流行趋势预测机构提供

男士身着柔软的定制装，休闲裤；

绘画工具：铅笔绘制人物线稿，后期在 Photoshop 中进行面料处理。

图 12.12（右页右图） 作者：Soo Mok

男士身着柔软的定制西装，戴领带；

绘画工具：铅笔绘制人物线稿，由水溶性彩色铅笔着色，后期在 Photoshop 进行背景编辑。

图 12.13（右页下图） 图片来自男装春夏流行趋势图册，由巴黎 PROMOSTYL 公司的国际流行趋势预测机构提供

手绘效果图，在 Photoshop 进行后期编辑处理；

"重生"系列流行趋势展板，人物位于构图中央，设计灵感与设计主题围绕在周围，突出人物重点；男士身着宽大的黏胶纤维针织衫，裤脚上翻的休闲风格锥形裤。

第十三章

童装效果图

绘制儿童与设计儿童服装是一件非常有趣但极具挑战性的工作。儿童的外形轮廓和姿态与成人有很大的差异。他们的外形轮廓变化小，姿态相对单纯，更有童趣，效果图常画成漫画风格的类型。当孩子渐渐长大，身材比例也会随之增加。从出生的婴儿到青少年，儿童的身高与比例会发生很大的变化。总体来说，儿童的年纪越小，就越可爱、身材越圆滚、脑袋显得更大。

图片来自儿童春夏流行趋势图册，由巴黎PROMOSTYL 公司的国际流行趋势预测机构提供。

本章节所需画具

（1）绘画工具、2B 铅笔、勾线笔等；

（2）直尺、法式曲线板（二选一）；

（3）A3 半透明纸；

（4）A3 厚图画纸 / 你最好的纸；

（5）时尚杂志 / 资源夹 / 作品集。

婴童 / 幼童常用姿态

作为童装设计师，你必须了解从婴儿到青少年期间不同年龄段的不同特点，以及在设计童装与绘制儿童时，他们的比例与人物造型的不同要求。在本章节，我们将简述这些差异。

图 13.1 ~图 13.3 作者：Linda Jones

儿童 7 ~ 11 岁——成长到 11 岁，姿态不再像以前那样可爱，逐步显现出更多成年人的姿态。

儿童人体比例与外形轮廓

与成人的效果图一样，儿童的人体比例也由头高确定，但在数量上会因年龄的不同而不同，随着年龄的增加，数量也相应增加（图 13.4）。

注意： 可以通过改变发型、改变穿衣风格，让不同年龄段的儿童呈现不一样的外貌特点。

图 13.4：儿童人体模板
从婴儿到青少年，不同头高的人体比例，可以看到这期间的身材变化与外形轮廓的改变。

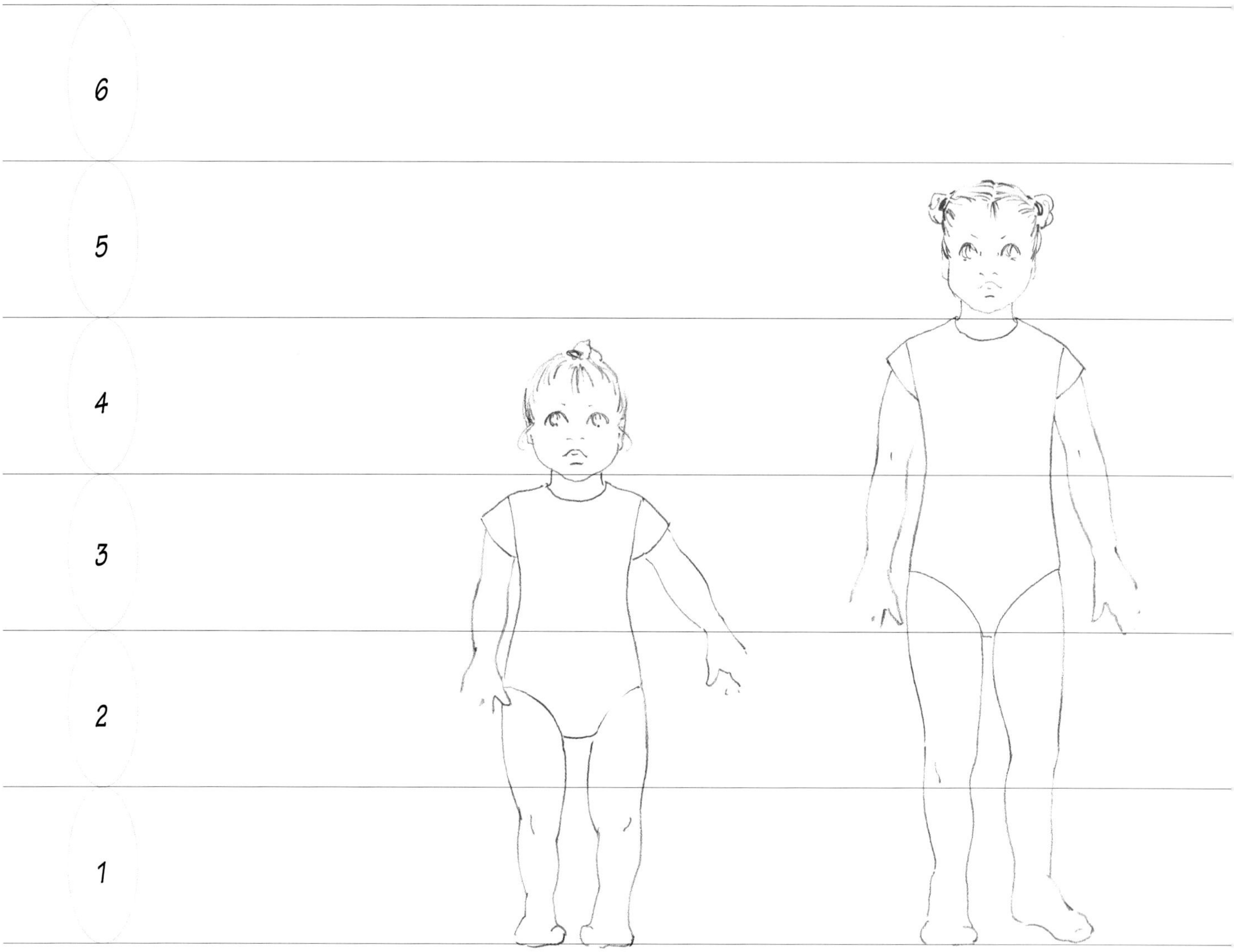

儿童 8 头身儿

| 8 |
| 7 |
| 6 |
| 5 |
| 4 |
| 3 |
| 2 |
| 1 |

婴儿／幼儿／2 至 3 岁，4 头高　　　　小童／4 至 5 岁，5 头高

儿童 /6 至 8 岁，6 头高　　　　　儿童 /9 至 11 岁，7 头高　　　　　少年 / 青少年，8 头高

图 13.5、图 13.6 出生至 1 岁

照片由 Munko 品牌服装提供；

平面款式图来自"南瓜补丁"品牌（连身衣、

婴儿袜、外套）。

童装效果图范例

在这部分，观察一下儿童们的照片、服装效果图与平面款式图，年龄段从婴儿到 10 岁左右的少年，这能让你更容易理解从幼年到少年外型轮廓与样貌的变化。观察孩子摆出的不同姿态是特别有意思的一件事；可以通过这些不同来判断孩子的年龄并绘制他们。

幼儿——出生至 1 岁

头部大概占全身高的 1/4。身体、脑袋、手臂与腿部都是圆鼓鼓的。又大又圆的眼睛，胖胖的脸颊、手指和膝盖上有小小的肉坑。这个年龄段的婴儿姿势一般是躺着或倚靠着坐着（图 13.5）。

幼儿——1 岁至 2 岁

图 13.7、图 13.8——头部对于身高来说，比例仍然较大，约 4 头身高。还是圆圆胖胖的直筒型身材，非常可爱。小肚子圆鼓鼓的，因为仍穿着纸尿裤（尿片），这让他们看起来更圆了。这个年龄段的男孩与女孩差异非常小。

脸部仍然很圆，肉乎乎的脸颊与小小的下巴，短短的脖子。眼睛大大的，圆圆的，眉毛还有点稀疏。头发开始长出一些了。

幼儿的早期还处于蹒跚学步时，或者还不能独立保持坐姿，因此姿势大多是坐着。

儿童——2 岁至 3 岁

图 13.10——这时期的儿童身高比例为 4 头身，腿部与以前稍有变化——变得笔直，在站立时有足够的力量支撑身体的重量。手臂与腿部开始变得有型，但仍然矮胖并有微微鼓起的小肚子。

面部五官更加清晰，脖子长了一点；嘴巴也大了一些，并且开始长出一些牙齿。头发浓密了不少，但男孩与女孩在外形上看来还是差别不大。

2 岁的儿童已经能够走路了，但动态仍然比较笨拙，直到 3 岁都像活蹦乱跳的"小马驹"一般。

图 13.7～图 13.9 婴儿与幼儿

照片来自 Munko 品牌服装，作者：

Sandra Burke；

平面款式图来自"南瓜补丁"品牌，

女幼童夏装系列。

图 13.10 ～图 13.12 2 至 3 岁、4 至 5 岁儿童
照片：James Grant，作者：Sandra Burke；
平面款式图来自"南瓜补丁"品牌（连帽衫、长袖 T 恤）；
效果图来自儿童春夏流行趋势图册，由巴黎
PROMOSTYL 公司的国际流行趋势预测机构提供。

3 岁的儿童

绘制他们的时候，通常选择站姿，有时手中还拿着一些东西，摆出可爱的表情。仍有"小马驹"那样的笨拙感，但已经可以行动自如了（图 13.10）。

服装变得更漂亮、更时尚。这个年龄的孩子甚至已经开始有了着装意识，并向他们的父母表达自己的着装喜好。

儿童——4 岁至 5 岁

图 13.12 与图 13.14——这时儿童的比例大约是 5 头身高，增加的长度主要在腿部。丢掉了一些婴儿肥，肚子也没有之前那样圆鼓了，没有明显的腰身，整体外形的变化不是很大。

面部微微变窄，眼睛不像以前那样圆，慢慢变成杏仁状，眉毛颜色变深。鼻尖收窄鼻型更突出。嘴巴变大一点，牙齿基本都长出来了。头发更加浓密、有造型感。

男孩与女孩开始在外形与容貌上有所不同，正因如此，他们的服装在设计上也同时融合了天真与时尚。

他们的姿态更具活力并生机勃勃，但仍微微有些生硬感。

图 13.13、图 13.14 2 至 3 岁、4 至 5 岁儿童
平面款式图来自"南瓜补丁"品牌，女幼童夏装系列；
效果图来自儿童春夏流行趋势图册，由巴黎
PROMOSTYL 公司的国际流行趋势预测机构提供。

Urban Angel Ⓐ Dreaming of Spring · Spring

儿童——7岁至11岁

图13.17、图13.18——这时的儿童大概6至7头身高。婴儿肥逐渐被肌肉取代，但腰部线条仍不太明显。手臂、腿部与躯干变瘦、苗条，膝关节与肘关节骨骼更明显。

尽管脸颊还是比较圆润，但面部的婴儿肥逐渐消失不见，眼睛的轮廓更分明，鼻子小巧但挺拔，鼻梁更宽，嘴唇形状渐露。现在的姿态没有之前那样可爱，已初步具有一些成人的姿态。

童装效果图与设计

绘制与设计童装时，应考虑如下要点：

· 成人更适合程式化的姿态，因为这可以区分他们的年龄与性别差异。

· 细部刻画较为常见——雀斑、大大的头部与脚部、膝盖外翻的姿势、天真无邪的表情。

· 发型、小道具、姿态都可以辅助刻画不同年龄段的儿童。

· 如果是儿童写生，动作必须迅速，因为孩子很难长时间保持一个姿势。最简单的方法是拍照，再根据照片来进行写生。

· 传统习惯中，在2岁之前，女孩子多穿粉色衣服，男孩子多穿蓝色衣服。

· 童装设计时常有趣又有爱、可爱又诙谐；常用明亮的颜色和有趣的印花。

图13.15（上图）平面款式图来自"南瓜补丁"品牌，女童夏装系列。

图13.16（左图）作者：Jonathan Kyle Farmer

图 13.17、图 13.18 7～11 岁儿童

效果图来自童装春夏流行趋势图册，由巴黎 PROMOSTYL 公司的国际流行趋势预测机构提供。

· 风格可以来自某一主题或某一个形象——西部影片、卡通角色、水手风格等等。

· 色彩与印花非常重要；黑色主要用于大龄群体。

· 设计表现的版式一般包括人物 / 卡通形象，而且与男装设计版式一样，也常选用横向构图，这更适合展示小物件或单件服装。

· 设计与灵感：儿童文学、电影、书籍——灰姑娘、白雪公主；动物（兔子、猫咪）、字母表、数字等。

· 卡通形象，如米老鼠、小美人鱼、小熊维尼、口袋妖怪和小火车托马斯是有版权保护的，你需要特定授权许可才可以在服装销售中使用。

第十四章

时装作品集

你的时装作品集不仅是你所有工作的集合与才华的证明，还是你的基本营销工具。在面试的时候，一本极具创意与精心策划的作品集，能够将你的能力视觉化地展现出来——展现你独有的特质；时尚感与设计能力，还有你的专业知识范畴；表现你的设计感、绘画、效果图和设计展示技巧，还有你的工艺水平（制板、缝制等）。作品集应在你学习、工作期间保持实时更新。这是你通往成功与事业发展的护照。

时装作品集包括多种不同样式与类型，既有电子版作品集，也有实物作品集；既需要展示设计也要有布局设计；作品集包括的内容很重要，舍弃哪些内容也同样重要。

时装画作者：Hamza Arcan

什么是时装作品集？

时装作品集可以是一份类似 PDF 或 PowerPoint 的电子文件 / 文档形式，或是实物形式的作品文件包。它囊括了所有关于你和你的作品与图片信息。为了应对各种可能出现的情况，最好同时有电子与实物两个类型的作品集。

作品集能够体现出你对自己作品的重视程度，你有调查研究的能力与某些特质。它有以下功能：

（1）集合与展示你的艺术作品、设计、效果图、个人的媒体报道 / 评论、时装照片等内容的专业方式；

（2）将你的作品有序地整理在一起，收集在实物作品集内的塑料活页中，保持干净、整洁，能够提升设计作品的整体外观与吸引力；

（3）是帮助你获得全职、兼职工作，或申请学位、课程机会的重要法宝；

（4）便捷与有力地视觉化展示信息的方式，尤其是在你面试或向客户介绍作品的情况下。

作品集的类型

电子作品集——电子作品集可以是一个文件或文件夹，能够存储在电脑里、IPhone/ 智能电话中、IPad/ 平板电脑里等。

还可以发布到网络上，上传到你的个人主页，或第三方平台（如 YouTube 等），以页面或视频的形式展示给线上观众，还可以作为电子邮件的附件发送出去。随着互联网与社交媒体的迅速发展，许多企业都利用网络资源（电子邮件、网站、社交网络、网络会议等）作为他们主要的视觉交流方式。一旦你创建了电子版的个人作品集，无论是谁，无论他身处于世界的哪个角落，通过鼠标轻轻一点，都可以看到你的作品。

实物作品集——需要考虑以下因素：

（1）理想且便携的尺寸——A3；如果你希望作品在更大的页面中展示，A2 更加合适，但却不方便携带。

（2）作品集种类多样，最常见的形式是带提手的平板文件箱（下方左图）。打开拉链便如同翻书一般，通过可翻动的透明塑料页面展示单页或双页内容（设计作品）。

（3）任选——固定的塑料页的文件夹，向后折叠可变成独立的台式展板展示作品（下方右图）；或者，收集作品的盒子或袋子，能够效保护作品。当你想快速、简单翻动页面寻找你的作品，固定页面的作品集不是很方便。

（4）硬质塑料或皮革制成的作品集质量优良，可以保存很长时间。

（5）色彩——黑色的作品集看起来是更聪明的选择，但要有一定的耐磨性。

图 14.1（下方左图） 带拉链的 A3 尺寸作品集

图 14.2（下方右图） 台式展板类型作品集效果图作者：Linda Jones。

作品集内容与布局

作品集的布局、条理、次序与内容一样重要，需要考虑：

（1）尺寸（实物作品集）——A3、A2；你的作品大小取决于设计理念的需要和／或作品集尺寸的规定；电子作品集可以通过幻灯片的方式展示（文件的尺寸不宜过大，会影响下载与浏览的速度）。

（2）介绍页——从你开始。介绍你自己、你独特的地方、简单的履历／简历、你的个人报道／获得的奖项（有你本人的获奖照片／新闻标题）、令人眼前一亮的的作品／设计，时代感不要太强，以防容易过时；附一张带标识的名片，面试官或采访人会对你留下一定的印象；或假如你遗失了作品集，也有归还回来的机会；你的"链接"（个人主页、博客等）也应附在后面。

（3）展示你最好的作品，并用一张惊艳的作品来压轴（婚礼服、晚礼服）。

（4）多样性——通过一系列艺术作品展示你的创意才华、设计能力与灵活性，要避免重复感。

（5）选择性——选择你最完美的作品，去掉每一个不完美的作品。

（6）创新性——要生动地表现出来，不需要每页一样精彩，但是要展现出你的设计感。

（7）逻辑性——你的作品集或以设计类型分类，或以设计季度分类（最新季），应该在目录上加入索引。

（8）信息性——作品集应像讲故事一样将你的作品与能力娓娓道来，直观且直接。

（9）干净与整洁——擦除每一块斑点或污渍，只留下干净的部分，还要确认放入透明塑料页的作品放置正确。

（10）跨页——跨页的两页作品要搭配协调，还可以营造出额外的视觉冲击。

（11）页面方向——选择一个特定页面方向（纵向或横向），确保大多数页面是同向，这样在翻看作品集时不需要频繁地转变角度——一旦更改了对开页（双面页）其中一页的方向，如果允许，要将两个页面方向一致改变。

（12）页面编组——为使页面有序，可将同一主题下的页面进行编组。

（13）便携性——作品集要轻便易拿，不要用厚重的卡纸装裱。

（14）实时更新与调整——你的作品总是需要实时更新，塑料页夹可以插入单页或双页作品内容，如有必要，重新调整页面顺序或用新的作品代替旧的作品。

（15）独立性——作品集的作品与文字要简明易懂，没有他人讲解也会很容易理解，这点很重要，因为你不会随时随地在作品集旁边对它进行解释说明。

（16）备份——如果你需要在同一时间将作品集提交到不同地点（例如：某些课程需要的作品集、或者表现你的设计能力的作品集），电子版的作品集可以作为备份。

图 14.3 作品集，作者：Linda Logan
绘画工具：勾线笔、马克笔和马克笔混色笔——手绘效果图与款式图；
双面页，展示了同一系列设计的效果图与对应款式图。

图 14.4 作品集，作者：Chloe Jones
绘画工具：水彩与水溶性彩色铅笔——手绘效果图；
双面页，上有 Chloe 在伦敦装周上，毕业设计获奖的照片与新闻报道（后期对文字内容进行编辑，这样更简短易读），及获奖的设计作品之一。

图 14.5 作品集，作者：Jason Ng
绘画工具：彩色铅笔、马克笔与马克笔混色笔——手绘效果图；
双面页采用纵向构图展示了以"Versace"为灵感的服装设计系列，令人印象深刻。

作品集定位

"一个专业作品集的标志是它的针对性。面向一个特定的消费群体或消费市场，设计理念应始终贯穿于其中。" ——Linda Tain（《服装设计师》一书"作品集展示"部分）。

以专业的角度去思考并对作品集进行定位。你的设计作品和作品集版式风格应取决于你所针对的企业或准备申请的教育课程，或你要展示的观众。要清楚你的作品集能为你做些什么，让它展示出你需要的东西。你的作品集也许是：

（1）申请课程、学校、学院、大学——入门级的作品集应由丰富的版式展示你的设计与艺术表现能力。除非特殊要求，你的作品要展示出下面这些全部或部分优点：工艺技术与娴熟运用绘画工具的能力、时尚敏感度、设计开发能力、服装人物动态、服装平面款式图、色彩与面料感知力、设计作品、自己制作的服装成品照片、比赛作品、戏剧服装设计等等。

（2）申请服装行业工作——这或许是你的第一份工作，或是你事业的某一个发展阶段。对第一份工作而言，选择最能够展现你能力的设计作品、设计草稿和效果图、款式图、色彩与面料、设计展示、系列设计（照片与效果图形式）。如果处于事业发展阶段，展示你最新的和最好的作品。无论哪种情况，对企业都要有针对性——当企业选择人才时，他们希望看到你的作品与他们的产品之间的相似性。

（3）申请兼职职位——你需要对作品集进行定位，专门针对顾客或在各方面展示出你的设计能力。

（4）营销或展示你最新的系列作品。

（5）参加比赛——比赛介绍会有特定要求。

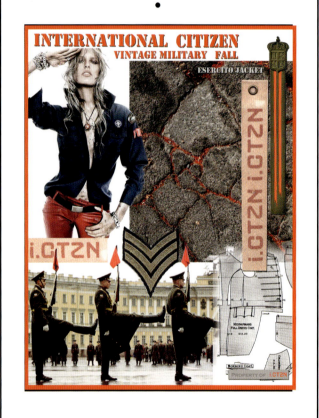 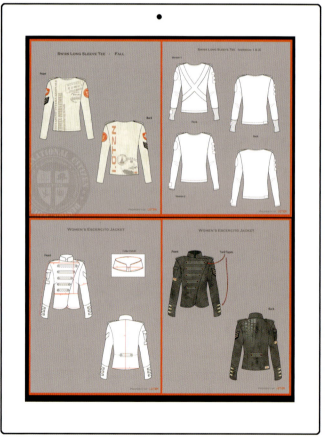

图 14.6 Ipad 上的作品集展示——Laura Krusemark，i.CTZN 品牌

绘画工具：手工拼贴、Illustrator 绘制款式图，Photoshop 进行后期编辑

"国际公民"秋季复古军装系列——双面页展示本系列的设计主题／设计灵感，部分设计以款式图形式表现。

图 14.7a、b（从上到下） 作品集，作者：Lucy Upsher

绘画工具：水溶性彩色铅笔、拼贴、手绘效果图、Illustrator 绘制款式图、Photoshop 绘制部分面料与后期编辑；

双面页展示"Versace"系列设计。

图 14.8 作者：Paul Rider、Lucy Jones、Vera Chursina

"花开盛世"中亚纺织品与陶器展览设计作品集（悉尼动力博物馆）；概念草图、作品完成稿、服装照片与展览手册。

作品集版面格式

当你参与更多的设计项目并逐渐积累起你的设计作品时，你需要思考作品集的版面格式：

（1）介绍页；

（2）主题，应包括：灵感／主题／概念页、面料与色彩页；

（3）着色的服装设计效果图；

（4）设计款式图（如果设计页已展示过，则不需要）；

（5）约至少4个主题紧随其后，并以一张惊艳的设计作品作为压轴。

现在开始计划和编排你的作品集吧！跟随本书完成的作品——绘画练习（人体、面料）、服装设计展示与写生。你可能还有一些其他的作品或照片加入进来。收集你最满意的作品并按照"作品展示"章节介绍的展示技巧为你的作品集准备好所有的视觉资料。不久之后，当你完成各种各样的设计工作，你会有更多的艺术作品呈现，能够更全面地展示自己的能力。

设计日记／草图绘本

时装设计日记／草图绘本可以记录下你的思维过程，展示你的创造力和基本的绘画技巧，是作品集的一个很好的补充。

作品集备份

要经常为备份作品集，尤其是最得意的作品。这个方法非常实用并且专业：

（1）像我们之前讨论过的那样，你可能需要在同一时间将作品集送到不同地点。还可以通过电子邮件发送电子版作品集，或让人们通过网络直接查看。

（2）为防止丢失或损毁，你需要备份多个。

通过如下方式进行备份：

①拍照（电子照片）、打印

②扫描你的作品并保存，存在不同的硬盘里，或者上传到"云"空间。

③建立你的个人网站、第三方网络平台、YouTube网站等，将你的作品上传（可以选择少数几个能够引起人们的关注的重要作品）。

注意：无论封面或封底，放置引人注目的作品非常重要，只有这样人们才会记住你。

推销你的作品集

最后，完成了满意的作品集，你希望把它推销出去，有一些方法可供参考：

（1）直接联系他人或企业（通过关系网）；

（2）使用网络资源，例如Facebook、LinkedIn（专业人士的Facebook）、YouTube、博客，等等。

图 14.9 Sarah Beetson 设计的印花手提袋

Sarah 没有用平凡、世俗的名片，给观众留下了难以忘却的印象！！把她最喜爱的明星头像制成图案，转印到手提袋上（见手袋下方）。

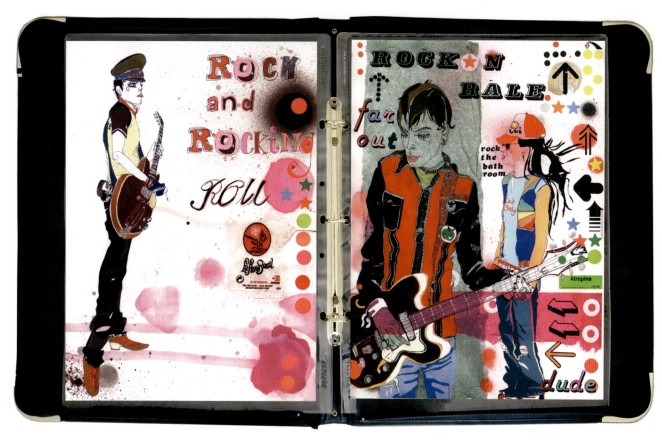

图 14.10 作品集展示，作者：Sarah Beetson

Satya James 品牌服装设计展示；

既有黑色棉质斜纹茄克的正面与背面，也有品牌与系列的灵感和主题。

图 14.11 作品集展示，作者：Sarah Beetson

"摇滚乐队"主题作品。不仅通过服装，还有效果渲染与经验感受，为整个系列与品牌营造出一个极其强大、重要的主题。

专业术语

如果你希望进入时装界，你必须学会时装语言。这个词汇表介绍了时装业、时装设计与时装绘画中的常用术语。

A1 纸张尺寸：594mm×841mm。

A2 纸张尺寸：420mm×594mm。

A3 纸张尺寸：297mm×420mm。

A4 纸张尺寸：210mm×297mm。

A5 纸张尺寸：148mm×210mm。

定制【服装／裁缝（定制裁缝）】：定制服装、私人专属定制服装，多指男式西装定制。

人体比例：以头高或头宽为单位，将人体系统地分解成几部分，能够帮助你用简单的方式绘制服装效果图人体。

品牌：企业通过品牌来识别本公司产品，并与客户进行沟通或提供服务，同时保障产品质量档次与产品标准的一致性。

坯布：参见白棉布。

胶囊系列：小批量的关键或基本款式系列。

走秀：参见伸展台。

拼贴：通过不同材料构成的一种艺术形式，例如面料、装饰品、贝壳、纽扣，可以组合成一个三维立体的艺术作品。也可在时装作品展示（设计图、面料、灵感与流行趋势）、服装效果图、戏剧服装设计、工艺类作品中使用。电脑拼贴不像实物拼贴能够呈现三维立体效果；如果需要，你可以将两种拼贴方式相结合。

系列（服装系列）：一系列混合搭配或互相补充的服装组合。

配色（色盘、色系）：服装设计与面料设计时使用的系列色彩，色彩之间可对比或互补，通过色标与设计作品和系列设计一同展示出来。

概念／感受／风格／主题板（含电子版本）：通过创意的想法与设计表现服装或面料系列、流行趋势、感受、概念的整体观念或方向。将这些内容集合展示给感兴趣的观众、设计团队、买手或消费者等。此种类型的展示也有助于市场营销、推荐宣传或商品展示（例如新概念内衣、全新的时尚流行趋势）。

戏剧服装设计： 针对舞台剧、电影和电视的服装设计，戏剧服装设计属于时装设计的一个分支。

草图： 法语单词，描述较为潦草的小幅时装人物速写，常在设计拓展或系列服装设计中使用。

草图绘本（美语）： 在人体草图上拓展设计的绘画板，简单表现系列设计的基本色彩与制作，并不是完美且包含细节的最终成品。

设计理念： 客户理念，每个设计项目从设计理念开始——也许是书面形式，或在行业内以口头形式。为产生有效并适销对路的设计，设计理念应概述出所需要什么，因为这会影响产品风格、制造与配色。

设计概念： 对新的服装系列、或辅助销售、或发布新的设计而产生的创造性的想法（趋势、主题、风格等），例如关于晚礼服的新想法。

设计灵感： 创意性、杰出性或及时性的想法，能够促进艺术作品的生产，以及时装展示、产品与服装观念。

写生： 以真人为对象，绘制人体或人体姿态。

绘画技巧： 一种技巧，也指能够出色地完成任务的能力或资质，绘画技巧需要良好的手眼协调。

绘画风格： 独有和独特的绘画方式；对于艺术家而言，特指其绘画风格与识别其作品的标志。

面料的艺术表现： 面料的表现／绘制；用颜料与绘画工具绘制服装面料，得到面料类型、纹理质地、印花与色彩的大体效果。可以绘制成面料小样形式，也可以直接绘制在服装效果图人体／草图上；或将面料扫描至电脑，用软件将面料添加在服装上。

面料小样： 从匹布上剪下的一片或小块面料，可代表面料的色彩、质量、纹理与印花等信息。设计构思阶段可以辅助找寻设计灵感，还可以在设计展示中表现。

服装与面料发布会／展览： 每年都会举办的全球性服装与纺织品交易会，一般针对季节分类，春夏（S/S）与秋冬（A/W）或秋季（Fall）。纺织品展览会于每年服装上市前举办，设计师有充分的时间选择面料。对参展者、买手、设计师和媒体来说，博览会与发布会是重点，他们从四面八方赶来聚集在一起——购买或销售商品、预测或报道未来流行趋势。

时尚色彩： 最新服装与纺织品的系列色彩，色彩之间可对比或互补。每年在春夏和秋冬（秋季）两个关键季度会更新两次。

时装设计师： 设计并绘制服装草图，与设计团队、制板师、样衣工和买手在纸面上沟通交流。作品要绘制得合理、到位（手绘或电脑），但不需要比时装画更精美。

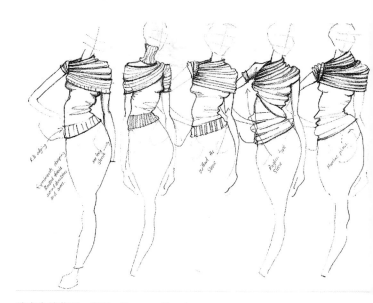

绘本中的草图，作者：Frances Howie

效果图／草图人体： 绘制人体与服装，旨在模拟真实的着装效果，无需如相机一样说明每个微小的细节。目的是捕捉整体外观，去掉没有必要的细节。通常会用艺术化的方式进行夸张，将效果图人物的腿部拉长，可以得到更具时尚感的造型与效果。

时装画家： 给时装设计师的作品增添更鲜明的个人风格。时装画家用充满创意的笔触，以服装设计师的草图为基础，增强画面效果。时装画常用于时装设计展示、营销活动与评论，不仅展示服装设计作品，还有整体的设计理念。时装画属于商业艺术形式范畴，对客户表达、强调设计或简介的一种方式。

时装周： 时装行业的活动，在这里，时装设计师、品牌与时装公司屋在伸展台上展示其最新的作品系列。主要针对时尚买手与时尚媒体。全球范围内，主要有四大时装周，每年两次，分别是纽约、伦敦、米兰与巴黎（在其他国家也有不同类型的时装周）。

平面款式图（美）： 工艺图、技术图、概略图，说明图，是服装设计／款式明确的结构图。按比例绘制，清晰的结构线与款式细节。许多企业用款式图作为其主要的视觉资料，与买手、客户、制板师与样衣工进行沟通与联络。根据款式图的目的（生产用、展示用）来决定绘制的详细与精确程度。

填充人体（充实人体）： 给人体加上身材体型。

三种人台类型的一种——半身人台／人体模型——Mary Katrantzou 高级成衣系列，伦敦时装周。

造型： 一个形状，可视或有形的，例如"人体造型"特指身体外造型，"面料造型"指光线落在面料上，面料自然褶皱或悬垂的方式效果。

高级时装： 法语"高级裁缝"的意思。高级时装是时装行业中最高档的服装类型。如要获得"高级时装"的称号，品牌或设计师必须成为法国工业部下属的法国高级时装公会会员，其总部位于巴黎。高级时装拥有极高的品质、完美的结构，绝对物有所值。

布局： 艺术作品的排列方式；"横向布局"指作品或服装效果图的宽度大于高度；"纵向布局"正相反。

例如，男式衬衫或裤装系列款式图常用横向布局，还有童装，因为儿童的身高都比较矮，或画面中的人物较多，横向排列的方式最佳；横向还是纵向，没有严格规定。

灯箱： 一张桌子或一个轻便的箱子，上面有类似半透明纸一样的表面，下面有较亮的灯；常用于复制描摹绘画作品。

用线： 作品中线条的使用，"大胆的用线"，刻画轮廓或外形设计，"效果图的精准用线"。

目录／系列表： 一个产品系列的所有可用信息，一般面向零售商展示——包括系列的所有平面款式／工艺图、可用面料与色彩、价格，一般还有产品照片。

产品图册： 精装本或电子版的图册，以时装大片形式展示时装设计师或时装品牌的系列设计。

人台： 艺术家所用有关节可活动的木质人台，可协助观察人体动势、人体比例和透视；通常是小型，但也有多个尺寸规格。同样也指：有造型线的半身人台，造型线与服装或服装样板上的结构线、缝合线对应。总的来说，是展示服装的假人（人偶）。

绘画工具／媒介（绘画、着色）： 创造艺术作品或时装画的材料或方式，例如：马克笔、色粉、铅笔、油性蜡笔。

综合画法： 在一个作品中使用了不同的艺术材料，并完美地融合于一体，例如：马克笔混搭彩色铅笔与水粉颜料。

感受（展板、主题）： 有形或无形的对象、图片和环境带给你的感受。例如：古董奶油色蕾丝、淡蓝色和淡粉色，或柔软毛茸的白色羽毛会给你带来软柔与温柔的浪漫感。

缪斯： 艺术家／设计师的灵感源——可能是时尚偶像、明星名媛、诗人等等。

白坯布： 参见样本与白棉布。

9 头身模板： 为得到服装效果图人体，采用的人体比例方式，以头高为基准，人体的身高为 9 个头高。

纸样裁剪／绘制／制作： 通过测量人体或使用原型样板／基础样板，制作服装纸样的技术。

锯齿剪刀： 刀刃为锯齿状的剪刀，可有效防止面料边缘脱线。

作品集技巧（时装设计）： 时装设计师的作品集技巧包罗万象，要展示出你对时装行业的知识积累；展示你的专业技巧、创造力、手段与技术。

Powerpoint： 演示文稿软件（幻灯片／视频／网页／电子邮件都可以插在其中）。

试生产： 在正式生产前，必要的生产产品或服装的过程。

展示（展板、电子版、作品集、时装展示、设计展示）：用创意、充满活力的方式直观展现设计概念的专业方法，可以提升单件艺术作品或产品的效果。设计概念可以针对一系列服装、服装灵感或主题、服装色彩、服装面料或时尚推广。有时，设计草图会显得平面且单调，但如果将所有元素集合起来，进行良好的规划，主题就会更加鲜明，也会取得商业上的成功。时装设计师与时装画家通常会用各种各样的展示技巧来提升他们的作品效果。

原始数据：通过调查问卷、访谈与特定人群专访而获得的直接（一手资料）数据。

自有品牌：企业为特定零售商生产的符合其规格的产品，也包括店铺的自有品牌或商标，例如：巴尼斯精品店、萨克斯精品百货、哈维·尼克斯百货。

生产：货品或服装的制作过程。在服装行业，要根据销售预期或订货量的数据进行产品生产。

大货样品（封样）：准备出货之前的样品，大货的品质必须与样品的质量相同。

产品：品牌/设计师有意生产和销售的商品或服务。

系列：参见服装系列。

表现（渲染、面料表现方法、面料效果图）：用线和色彩表现面料效果，能够体现出面料的类型、纹理、印花与色彩；可以绘制成面料小样方式，也可直接在服装上进行绘制。

资源夹（杂志剪报、报纸剪报、评论文件、图片文件与私人文件、面料文件夹、设计文件夹）：将所有的视觉资料、简报资源、目录、册子等，以及设计灵感收集起来，用国际通用的名称来命名文件夹（实物文件夹与电子文件夹）。将这些视觉资料放进绘图本里，在从设计开发到作品展示的过程中，成为你的灵感源与宝藏。

草图：在绘图本上迅速捕捉灵感与概念的方法，通常使用铅笔、勾线笔或马克笔。

伸展台（走秀）：时装发布会专用的狭窄舞台，模特身着最新款服装在舞台上展示与表演。

样衣（坯布、白坯布、原型、白棉布）：测试/试验用服装，直接从设计师的概念或设计草图得来，通常使用较为廉价/便宜的面料，例如坯布。

绘图本（时尚日志、时装日记、工作簿和草图本）：画板记录创新与创意的想法、色彩与面料感觉。绘图本是将设计可用资源集中视觉化的数据库；现在电子版的绘图本也非常流行（IPad、平板电脑等）。

规格表（技术、生产图/规格）：用技术格式（无需风格化）绘制的工艺图或平面款式图，按比例绘制，记录服装要求的测量数据和细节，以生产和制造为目的。例如，测量数据与细节可能包括从后脖颈点至下摆的长度、商品数量、型号和纽扣的颜色。

街头时尚：大众的着装与着装方式。

设计线：构成服装并影响其造型与形式的合体度、造型与接缝线以及细节。

风格化：具有艺术家的工作方式或其鲜明特征的绘画作品。

样料：参见面料小样。

评论文件：参见资源夹。

技术图：参见规格表与工艺图。

模板（服装效果图模板、9头身模板）：绘制服装效果图人体与服装时的参考与参照。

白棉布（坯布或白坯布）：白棉布——样衣的法语称谓，用较便宜的布料（坯布）制成，在设计与制作过程中使用。

色调：阴影与高光、颜色深浅、色彩明暗的数值。

重心线（V/B）：确保效果图人体平衡的假想线，例如，可以防止人体失去平衡/跌倒。重心线从人体的颈窝点垂直向下落在地面；就像建筑用铅垂线一样，永远不会弯曲。

虚拟发布会/时装表演：由电脑软件模拟的时装发布会，有数字化生成的模特、服装、伸展台和特殊效果。

工艺图：参见平面款式图。

时代精神：时代的"精神"。

资源

电子与实体领域

"网络信息可让你通向成功。"对于时装设计师或时装画家来说，你可以在网络的世界中高速驰骋，寻找你需要的任何信息与建议，它们可以辅助提升你的设计、时装画、展示与作品集。这其中包括时装与纺织品行业的研发与采购、最新流行趋势、历史参考文献、时装与纺织品发布会、时尚与艺术博物馆和展览、流行趋势预测机构与刊物、时装画家、时装设计师、造型师等。网络是你的国际时尚词典，搜索引擎。对时尚发烧友来说，社交媒体——包括博客，已成为行业中必不可少的一部分与发声渠道，只需鼠标轻轻地一点，就可以将自己的时尚态度发布于此。

这里列举了一些重要的网站与可用信息，如果希望获得更多资源（参见时装设计系列丛书的另一些书籍）《互联网络资源与延伸阅读系列》，www.fashionbooks.info 与脸谱主页（Facebook）。

产业/贸易展览与采购、流行趋势、设计系列、流行预测

www.apparelnews.net：贸易展览等相关信息。

www.apparelsearch.com：提供时尚产业新闻搜索服务、重大事件、全球购物，是重要的信息来源。

www.biztradeshows.com/apparel/fashion：提供全球服装行业贸易展会、时尚与纺织品展览、服装贸易发布会、服装技术信息的搜索服务。

www.britishfashioncouncil.com：英国时装协会组织的伦敦时装周，架起了时尚产业与时装教育行业的卓越桥梁。许多国家也有自己的时装协会。

www.cottoninc.com：提供农业、纤维制品与纺织品的搜索服务、市场信息与技术支持服务、时尚预测与零售促销及国际面料采购。

www.fashion.net：非常好的搜索网站，提供其他时尚杂志与行业新闻的网站链接。

www.fashioncapital.co.uk：提供设计师、生产商的信息资源、时尚新闻与流行趋势、论坛与工作机会。

www.fashioncenter.com：总部设在纽约的服装区——提供工厂、面料与服务信息。

www.fashiontrendsetter.com：服装预测、流行趋势报告与电子新闻杂志的在线网站。

www.fashionwidnows.com：提供时尚流行趋势、时装发布会与时尚事件时间表。

www.hintmag.com：美国著名时尚杂志 Hint 网站——有非常棒的文章、流行趋势、时尚资讯、时尚人物、设计系列。

www.londonfashionweek.co.uk：海量时尚发布会。

www.photographiclibraries.com：广告宣传、摄影大片与时装发布会——链接相关时装与艺术网站。

www.polyvore.com：时尚类网站——由顾客自己开始或创造新的流行趋势、创造灵感与风格展板/概念，发现最热门的品牌、产品与搭配。

www.premierevision.com：Première Vision 展会，在巴黎、纽约、上海等地举办的关键性面料贸易展会，同时还有 Expofile 展（面料与纱线）、Indigo 展（设计）、LeCuirAParis 展（皮革）、ModAmont 展（配饰）、Zoom 展（制造）。

www.promostyl.com：国际流行趋势研究设计机构，可在线购买书籍与产品。

www.showstudio.com：时尚广播公司，会邀请一些来自艺术、时尚与设计领域的领军性创意合作开发新的互动作品并进行现场直播。

www.style.com：与 Vogue 和 W 杂志互相链接；最新时装发布会的视频与秀场图片；名人时尚、流行趋势报告与突发时尚新闻。

www.stylesight.com：提供流行趋势预测。

www.trendland.net：在线杂志——提供艺术、文化、设计、时尚、摄影与咨询。

www.weconnectfashion.com：连接时尚品牌、零售商，并提供服务、流行趋势报告、事件新闻。

www.wgsn.com：英国在线时尚预测和潮流趋势分析服务提供商。提供全球实时流行趋势与时尚新闻和评论。

www.woolmark.com：有关羊毛市场的所有内容，流行趋势与创新应用。

www.wwd.com：美国著名老牌杂志《女装日报》，美国时尚零售商日报——提供头条新闻、链接至其他网站。

出版物——在线网站、印刷品

除了时尚在线网站与包括商业出版物的印刷品，如 Elle、Harpers Bazaar、Vogue（美国版、英国版、法国版、西班牙版等），还有更多的资源：

www.draperonline.com；

www.nytimes.com/pages/fashion（纽约时报时尚版）；

www.view/publications.com；

www.papermag.com。

时尚、戏剧服装、博物馆、艺术画廊

www.fashion/era.com： 历史服装资源库。

www.nga.gov： 华盛顿国家美术馆，可以在线观看展品并进行虚拟参观；是专题与古代服装研究的绝佳视觉档案馆。

www.vam.ac.uk： 伦敦维多利亚与艾尔伯特博物馆——事件与展览、教育、历史研究或其他。

www.vintagefashionguild.org： 非常好的复古服装资源 / 研究网站——复古服装协会，在美国、英国与澳大利亚拥有众多会员的国际性协会。

艺术画廊与博物馆

英国国家博物馆，伦敦

蓬皮杜中心，巴黎

巴西银行文化中心，里约热内卢

乌菲齐美术馆，佛罗伦萨

大都会艺术博物馆，纽约

奥赛博物馆，巴黎

卢浮宫，巴黎

普拉多博物馆，马德里

雷纳索非亚博物馆，马德里

现代艺术博物馆，纽约

韩国国立民俗博物馆，首尔

国立故宫博物院，台北

上海博物馆，上海

泰特现代美术馆，伦敦

维多利亚与艾尔伯特博物馆，伦敦

时装博物馆

巴黎世家博物馆，西班牙格塔里亚

巴塔鞋博物馆，加拿大多伦多

黑色时装博物馆藏品，史密森博物院，华盛顿特区

克里斯汀·迪奥博物馆与花园，格兰维尔，法国

时尚和纺织品博物馆，伦敦，英国

菲拉格慕博物馆，佛罗伦萨，意大利

古驰博物馆，佛罗伦萨，意大利

京都服装研究所，日本

大都会艺术博物馆服装学院，曼哈顿

时装美术馆，巴黎，法国

美国时装技术学院博物馆，曼哈顿

弗突尼美术馆，威尼斯，意大利

西蒙手提包博物馆，首尔，韩国

社交网络、博客

与 Facebook、YouTube、Twitter、LinkedIn 等社交网络一样，作为你学习与交流的一部分，查看下面这些来自设计师、记者、摄影师们的社交网络或博客，可以不断获取最新的时尚资讯：

www.ashadedviewonfashion.com： 戴安·波奈特（Diane Pernet）是出生于美国的记者与编辑，现居住于巴黎，时装发布会的座上宾，博客通篇介绍年轻的天才设计师。

www.facehunter.blogspot.com： 街拍博主伊万·罗迪克（Yvan Rodic）的镜头针对人们的个人着装风格，他周游世界，从雷克雅未克到维也纳的街头寻找新的趋势。

www.thesartorialist.com： 斯科特·楚门（Scott Schuman）来自纽约，他的博客已经成为时尚界的传奇，他行走于世界各地，用镜头记录时髦的人群，其中也包括时尚圈人士。

www.pinterest.com： 用户用"图钉"将图片、视频或其他对象钉在钉板上，在社交网络内共享。

其他还包括以 www. 开头的： advancedstyle.blogspot.com、bryanboy.com、catwalkqueen.tv、fredbutlerstyle.blogspot.co.uk、hypebeast.com、jakandjil.com、kingdomofstyle.typepad.co.uk、manrepeller.com、nymag.com/daily/fashion、parkandcube.com、patternity.co.uk、redcarpet/fashionawards.com、streetpeeper.com、stylebubble.typepad.com、themoment.blogs.nytimes.com。

新的网站： 互联网日新月异，可以通过关键字搜索寻找新的网站。

如想获取更多信息（参见本服装设计系列丛书）或网络资源进行延伸阅读：可登陆网站与 Facebook——fashionbooks.info。